## 国外油气勘探开发新进展丛书

GUOWAIYOUQIKANTANKAIFAXINJINZHANCONGSHU

# DISCRETE FRACTURE NETWORK
# MODELING OF HYDRAULIC STIMULATION

# 离散裂缝网络
# 水力压裂模拟

【美】Mark W. McClure  【美】Roland N. Horne  著

雷 群 何东博 管保山 甯 波 韩鹏刚 等译

石油工业出版社

## 内 容 提 要

本书总结了石油、天然气和地热等资源开发利用中广泛应用的水力压裂模型，在回顾现有裂缝模型并指出了它们的适用性和不足的基础上，详细描述了作者所建立的流体流动—地质力学耦合数学模型及求解方法并对几种典型裂缝系统进行了建模和计算，验证了模型计算的准确性、效率和通用性。

本书可作为石油工程师工具书和油气田开发工作者的参考书。

**图书在版编目（CIP）数据**

离散裂缝网络水力压裂模拟／（美）马克 W. 麦克卢尔，（美）罗兰 N. 霍恩著；雷群等译. —北京：石油工业出版社，2021.8

（国外油气勘探开发新进展丛书；二十三）

书名原文：Discrete Fracture Network Modeling of Hydraulic Stimulation：Coupling Flow and Geomechanics

ISBN 978 - 7 - 5183 - 4466 - 6

Ⅰ. ①离… Ⅱ. ①马… ②罗… ③雷… Ⅲ. ①水力压裂 - 离散模拟 - 研究 Ⅳ. ①TE357.1

中国版本图书馆 CIP 数据核字（2021）第 160972 号

First published in English under the title

Discrete Fracture Network Modeling of Hydraulic Stimulation：Coupling Flow and Geomechanics

by Mark W. McClure and Roland N. Horne

Copyright © Mark W. McClure and Roland N. Horne 2013

This edition has been translated and published under licence from Springer Nature Switzerland AG.

本书经 Springer 授权石油工业出版社有限公司翻译出版。版权所有，侵权必究。

北京市版权局著作权合同登记号：01 - 2020 - 7603

出版发行：石油工业出版社

（北京安定门外安华里 2 区 1 号楼　100011）

网　　址：www.petropub.com

编辑部：(010)64210387　图书营销中心：(010)64523633

经　销：全国新华书店

印　刷：北京中石油彩色印刷有限责任公司

2021 年 8 月第 1 版　2021 年 8 月第 1 次印刷

787 × 1092 毫米　开本：1/16　印张：8.25

字数：200 千字

定价：50.00 元

# 《国外油气勘探开发新进展丛书(二十三)》
## 编　委　会

# 序

"他山之石,可以攻玉"。学习和借鉴国外油气勘探开发新理论、新技术和新工艺,对于提高国内油气勘探开发水平、丰富科研管理人员知识储备、增强公司科技创新能力和整体实力、推动提升勘探开发力度的实践具有重要的现实意义。鉴于此,中国石油勘探与生产分公司和石油工业出版社组织多方力量,本着先进、实用、有效的原则,对国外著名出版社和知名学者最新出版的、代表行业先进理论和技术水平的著作进行引进并翻译出版,形成涵盖油气勘探、开发、工程技术等上游较全面和系统的系列丛书——《国外油气勘探开发新进展丛书》。

自 2001 年丛书第一辑正式出版后,在持续跟踪国外油气勘探、开发新理论新技术发展的基础上,从国内科研、生产需求出发,截至目前,优中选优,共计翻译出版了二十二辑 100 余种专著。这些译著发行后,受到了企业和科研院所广大科研人员和大学院校师生的欢迎,并在勘探开发实践中发挥了重要作用。达到了促进生产、更新知识、提高业务水平的目的。同时,集团公司也筛选了部分适合基层员工学习参考的图书,列入"千万图书下基层,百万员工品书香"书目,配发到中国石油所属的 4 万余个基层队站。该套系列丛书也获得了我国出版界的认可,先后四次获得了中国出版协会的"引进版科技类优秀图书奖",形成了规模品牌,获得了很好的社会效益。

此次在前二十二辑出版的基础上,经过多次调研、筛选,又推选出了《碳酸盐岩储层非均质性》《石油工程概论》《油藏建模实用指南》《离散裂缝网络水力压裂模拟》《页岩气藏概论》《油田化学及其环境影响》等 6 本专著翻译出版,以飨读者。

在本套丛书的引进、翻译和出版过程中,中国石油勘探与生产分公司和石油工业出版社在图书选择、工作组织、质量保障方面积极发挥作用,一批具有较高外语水平的知名专家、教授和有丰富实践经验的工程技术人员担任翻译和审校工作,使得该套丛书能以较高的质量正式出版,在此对他们的努力和付出表示衷心的感谢!希望该套丛书在相关企业、科研单位、院校的生产和科研中继续发挥应有的作用。

中国石油天然气股份有限公司副总裁

# 译 者 前 言

当前,低品位资源已成为国内新增油气储量的绝对主体,为水力压裂技术提供了广阔舞台,也驱动着水力压裂技术不断进步。经过 70 多年的发展,水力压裂装备、工具、材料等各方面的能力均取得了显著进步,而更为重要的是"压裂设计"——水力压裂技术的核心和灵魂,也逐步形成技术体系,指导着低渗透和非常规资源的高效开发。通常而言,制定一个水力压裂实施方案,需要完成两个方面的工作:一方面在储层评价的基础上,建立水力压裂油藏数值模拟模型,模拟不同裂缝参数下的油气井产量,建立裂缝参数与产量和经济收入的相关关系;另一方面在水力裂缝认识的基础上,建立压裂裂缝模型,模拟不同施工参数下的裂缝参数,建立裂缝参数与水力压裂施工参数和经济投入的关系。最后综合二者则可建立裂缝参数与净收益的相关关系,从而得到油气田生产所需的水力裂缝参数。因此压裂设计的目的就是通过优化确定匹配储层需求的水力裂缝,设计出可执行的实施方案,并最终在储层中"制造"出需要的水力裂缝。在优化过程中,选择一个合适的裂缝模拟模型,并据此优化水力裂缝施工参数至关重要。

本书作者马克 W. 麦克卢尔博士是美国得克萨斯大学奥斯汀分校石油与地球系统工程学院教授,罗兰 N. 霍恩博士是美国斯坦福大学能源工程学院教授。两位作者长期致力于裂缝系统的研究工作,其研究成果发表在行业许多学术期刊上。本书《离散裂缝网络水力压裂模拟》凝结了他们多年来对裂缝系统的认识和数值模拟研究中取得的创新成果。

译者非常有幸地参与了本书的翻译工作,在此,对本书的两位主要作者及他们取得的研究成果表示崇高的敬意。本书共 5 章,其中第 1 章由雷群和张燕明翻译,第 2 章和第 4 章由甯波和韩鹏刚翻译,第 3 章由何东博翻译,第 5 章由管保山和姜伟翻译,全书由雷群翻译统筹协调和统稿。感谢中国石油勘探与生产分公司廖广志、中国石油勘探开发研究院贾爱林、刘卫东、翁定为等专家和学者对译著的协助和支持。

本书重点介绍了离散裂缝网络模型(DFN),由于该模型能完全、有效地将流体流动和大型复杂离散裂缝网络的变形所引起的应力相耦合起来,因而能较好地解释复杂的非常规储层,特别是页岩油气储层的裂缝扩展形态。此外该模型还具有内存要求小、计算效率高以及算法复杂度低的优点,因此对指导现场压裂优化设计具有重要的意义。

相信本书能给读者在裂缝建模和数值模拟方面提供很好的参考和借鉴。如果读者能从本书中吸取到马克 W. 麦克卢尔博士和罗兰 N. 霍恩博士思维的精华,那将是译者最大的荣幸。同时,由于译者自身能力所限,书中可能有部分内容未能充分理解并表述原著作者的意图,不妥之处,还请广大读者朋友批评指正。

# 原 书 前 言

过去十年中,非常规油气资源的开发是能源行业最大的新趋势,长水平段钻井和分段压裂等关键技术使这些以前被认为不具商业价值的巨量新资源开采成为可能(King,2010)。

地热能中开展的水力压裂通常是指"增强型地热系统"(Enhanced Geothermal System,EGS)(Tester,2007)。EGS研究人员希望通过对压裂设计的改进,使地热能有朝一日能够实现与非常规油气领域比肩的产量增长。

尽管人们对水力压裂已有多年的研究和实践经验,但基本问题仍未得到解答。在水力压裂中,新生成的裂缝和预先存在的裂缝的相对重要性如何判定? 为什么在非常规油气中产生的裂缝网络往往如此复杂? 经过压裂改造的非常规储层"长"什么样?

计算模拟对于压裂改造设计非常有用,可以帮助工程师做出设计决策,测试新的想法,进行地层评价,并就数据收集做出决策。模型和建模方法存在着显著的多样性。不幸的是,由于数据的有限性和不完整性导致的非唯一性,模型假设难以确认,研究工作的进展受到阻碍。因此,虽然压裂改造模拟具有巨大的前景,但它仍然是一项正在进行的工作。在该领域,大量的工作正在进行中,预计在未来几年内会取得进展。

这本书总结了专门为石油、天然气和地热中非常规应用开发的水力压裂模型。本书中描述的模型仍然不完整,忽略了或未能完整描述一些重要的物理过程。然而,该模型的优势在于它能完全、有效地将流体流动和大型复杂离散裂缝网络的变形所引起的应力相耦合起来。真实地表达诱导应力,能够更好地了解压裂过程。此外,储层的复杂性(裂缝密度、方向,应力等在空间上的变化等)对压裂改造过程有着深远影响,如果不对一些重要的细节采取模糊处理,就很难在数值模型中对这一过程实现简化。

在本研究中,开发了几种新的技术,同时以新颖的方式实现了与现有方法间的结合。希望这项工作能对水力压裂模拟领域做出有益的贡献,为今后的研究奠定基础。

## 参 考 文 献

King, G.: Thirty years of gas shale fracturing: what have we learned? SPE 133456, paper presented at the SPE annual technical conference and exhibition. Florence (2010). doi:10.2118/133456 – MS.

Tester, J. (ed.): The Future of Geothermal Energy: Impact of Enhanced Geothermal Systems (EGS) on the United States in the 21st Century. Massachusetts Institute of Technology (2007). http://geothermal.inel.gov/publications/future_of_geothermal_energy.pdf.

# 目　　录

# 1 概 述

水力压裂模拟可用于压裂设计优化、长期生产预测、机理的基础研究和新技术的研发。然而,模拟人员面临着各种各样的挑战:各种复杂的物理过程,有限且不完整信息以及非均质、不连续的空间域。鉴于这些困难,必须在模拟效率、空间分辨率和模型考虑的物理过程复杂程度之间进行权衡取舍。

单一张开型(张性)裂缝从井筒向外扩展是水力压裂的经典概念模型(Khristianovich et al. 1959;Perkins et al. ,1961;Geertsma et al. ,1969;Nordgren,1972),该概念模型在常规水力压裂设计和模拟中仍有使用(Economides et al. ,2000;Meyer et al. ,2011;Adachi et al. ,2007),但在复杂的裂缝网络条件下,常规的水力压裂模型可能过于简化。

本书阐述了一个二维水力压裂模型的开发和测试,该模型是专门为模拟裂缝发育的超低渗地层的水力压裂而开发的,例如增强型地热系统(EGS)或页岩气。该模型模拟离散裂缝网络(Discrete Fracture Network,简写为 DFN)中的流体流动,直接对各个裂缝(Karimi - Fard et al. ,2004;Golder Associates,2009)进行离散。离散裂缝网络模型与有效连续介质模型不同,后者将裂缝属性平均等效到网格单元上(Warren et al. ,1963;Kazemi et al. ,1976;Lemonnier et al. ,2010)。而 DFN 模型计算了沿各条裂缝因为裂缝张开和滑移而产生的应力,以及裂缝张开和滑移耦合作用下的裂缝导流能力变化,并且利用迭代耦合技术实现了变形与流动的耦合(Kim et al. ,2011),同时效率很高,用单处理器在数小时或数天内就能够完成含有几千条裂缝的模拟。该模型假设:流动为单相等温流动,基质渗透率可忽略不计,且在无限大的线弹性介质中变形很小。模型用 $C^{++}$ 语言编写。

此外,该模型还有其他一些特定的限制。模型可以模拟新产生的拉伸裂缝的扩展,但可能形成的新裂缝的位置必须提前指定(2.3.8 节和 2.4.1 节)。在实践中,可在整个模型中设定大量可能形成的裂缝,这使模拟器在确定压裂改造区整体扩展上具有巨大的自由度(2.4.1 节、3.3.2 节和 4.3 节)。该模型有时会在低角度裂缝相交处(小于 20°)遇到问题,这是由于模型采用边界元法计算变形引起的应力。在实践中,可通过设定模型中不允许裂缝以低角度相交(2.4.1 节)或通过实施一种特殊"罚函数"方法(2.5.6 节、2.3.4 节和2.4.3 节)来处理解决。尽管这两种解决方案都并不十分完美,但目前其他解决方案还在研究中。

该模型早期用于速度—状态依赖性摩擦的地震模拟,以此研究诱发地震活动(McClure 和 Horne,2011)。当前模型保留了这一功能,但依摩擦关系模拟需要大量的计算资源,这在本书中未展开讨论。本书中描述的模拟大多数都是在恒定摩擦系数下进行的,因此所述的研究工作(2.5.3 节、3.3.1 节和4.2.5 节)中采用了静态/动态摩擦系数方法,并对其进行了测试,该方法是速度—状态依赖性摩擦理论以及恒定摩擦系数假设的折中处理,与关系理论相比,静态/动态摩擦关系理论是一种更高效,但没有前者严谨的地震活动建模方法。

本书使用模型的早期版本已被用于研究裂缝网络中的剪切改造和诱发地震活动的关系(McClure et al. ,2010a,2010b)。本书描述的模型比起早期版本有了显著的改进:模型效率更高,对裂缝张开行为的处理更符合现实,并且随时间离散加密,模拟结果可完全收敛。

本书描述的模型开发理念是建立一个足够真实和有效的模型,以模拟在超低渗地层压裂形成大型复杂裂缝网络过程中发生的最重要物理过程。在某些情况下,模型采用了特殊的处理方法使得裂缝网络符合实际情况:其原则是模型应尽可能多地考虑真实情况,以合理地反映对给定目标的结果和模型能够产生显著影响的物理过程。

由于采用了边界元法,温度恒定,基质渗透率为零,所以只需要对裂缝进行离散,而不需要对裂缝周围的区域进行离散,这样一来问题规模就大大减小了。而利用迭代法和近似法,可以在隐式格式流体流动和地质力学的耦合模拟器中,高效地求解边界元法应用中的大型稠密线性方程组。

本书第 1 章进行文献综述,对其他用于复杂水力压裂的数值模拟模型进行了总结。第 2 章对本书模型进行了详细地描述,包括控制方程和本构方程,力学和流体流动计算的数值方法,力学和流动方程之间的耦合方式,对力学不等式约束和变应力边界条件的处理,离散裂缝网络的随机生成,裂缝网络空间的离散,以及模型的一些特殊专题,包括高效矩阵乘法、自适应域调整、张开裂缝尖端附近区域处理以及克服低角度裂缝相交相关难题的技术。

在第 3 章和第 4 章中,给出并讨论分析了四种不同裂缝网络的模拟结果:通过模拟:(1)验证了力学计算的准确性;(2)验证了模拟随时间和空间上的离散网格加密的收敛性;(3)测试了对误差的敏感性;(4)测试各种特殊的模拟条件的效果,包括使用动态/静态摩擦系数假设来进行地震活动模拟,忽略或考虑"闭合"裂缝的法向位移引起的应力(本书中,"张开"指流体压力超过正应力而使裂缝壁面发生力学分离,"闭合"指裂缝壁面相互接触),以及为处理低角度裂缝相交问题而实施的调整。

本书的数值模拟的主要目的是为了检验模型的准确性、效率和通用性,并确定最佳模拟参数。此外,还可以从这些结果中得出一些有趣的物理认识。结果表明,变形引起的应力对水力改造区的扩展产生了深远影响,若要将其完全整合到离散裂缝网络模拟器中需要付出相当大的努力。

McClure(2012)对已有文献中用于描述增强型地热系统和页岩中复杂压裂机理的各种概念模型进行了讨论。在这些模型中,有的仅考虑了新裂缝的起裂和扩展以及原有裂缝的滑移二者之一,有的同时考虑这两种情况。在特定工区,建立正确的概念模型是数值模拟和油藏工程成功的基本要求。

## 1.1　离散裂缝网络模型

在离散裂缝网络(DFN)模型中,需要以每一条裂缝流体流动方程进行求解。图 1.1 为离散裂缝网络的示例(该裂缝网络为模型 B,将在 3.3.1 节和 4.2 节中讨论)。该裂缝网络是二维的,从平面上看,裂缝应被视为垂直、走滑裂缝[同样地,从截面上看,则应为(截面的)法向裂缝]。

DFN 模型适用于低渗透率介质中复杂的水力裂缝,原因有以下几个方面:在低渗透率岩石中,每条裂缝之间虽然相距很近但并没有发生接触,没有很好地形成水力沟通,因此,不同位置之间的流体流动取决于裂缝网络的几何特性,连通性难以预测,存在两个相邻位置之间的连通性较弱,但较远位置之间的连通较好的情况(McCabe et al.,1983;Cacas et al.,1990;Abelin et al.,1991)。经过水力压裂的低渗裂缝型油藏生产测井数据显示,在同一岩石单元内,各井产能差异很大(Baria et al.,2004;Dezayes et al.,2010;Miller et al.,2011)。离散裂缝模型更适用于描述这种高度通道化油气藏的不可预测的行为。

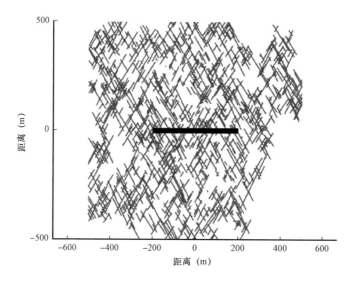

图 1.1　离散裂缝网络示意图
蓝线表示原有裂缝,粗黑线表示井筒

用离散裂缝网络模型可以更精确地处理应力扰动。裂缝张开或滑移引起的应力分布在空间上是非均匀的,对相邻裂缝的影响取决于它们的相对方向和位置。如本书所述(忽略诱导应力的例子,见 4.2.6 节),裂缝变形引起的应力对压裂过程有重要影响,McClure 和

Horne(2010a)对此也有介绍。

## 1.2　水力压裂模型回顾

已有文献中描述的水力压裂模型具有显著的多样性,这种多样性反映了地下压裂改造机理的不确定性,验证给定模型基本假设的困难,可用的数值方法的丰富,以及在平衡模拟结果真实性和计算效率方面的不同选择。本节对文献中的水力压裂模型进行了回顾,将水力裂缝视为从井筒向外扩展的单一平面裂缝在行业和学术界已经得到广泛应用(Adachi et al.,2007;Meyer et al.,2011),但本节将重点对更为复杂的模型进行梳理。

在一些非常规压裂模拟中,采用了有效连续介质模型(Yamamoto,1997;Taron et al.,2009;Vassilellis et al.,2011;Lee et al.,2011;Kelkar et al.,2012)。这些模型对多条裂缝的流动进行平均,转化为等效的连续介质属性。其他模型则采用混合方法,将连续介质模型与离散裂缝模型的各个方面对应结合起来(Xu et al.,2010;Meyer et al.,2011;Palmer et al.,2007)。

一些离散裂缝模型忽略了裂缝变形引起的应力,忽略应力相互作用可显著降低算法实现的复杂性,并提高计算效率。利用这种方法,可以对油藏尺度的大型离散裂缝网络进行模拟。其中一些模型对离散裂缝网络模型进行了粗化,转化为有效连续介质模型进行流体流动计算(Lanyon et al.,1993;Fakcharoenphol et al.,2012;Tezuka et al.,2005;Jing et al.,2000;Willis—Richards et al.,1996;Kohl et al.,2007;Rahman et al.,2002;Cladouhos et al.,2011;Wang et al.,2012;Du et al.,2011)。其他模型则直接使用离散裂缝网络模型,没有将其粗化等效为连续介质模型(Bruel,1995,2007;Sausse et al.,2008;Dershowitz et al.,2010)。

在计算离散裂缝网络模型中由变形引起的应力上,人们采用了不同的数值计算方法,包括有限元(Heuze et al.,1990;Swenson et al.,1997;Rahman et al.,2009;Lee et al.,2011;Fu et al.,2012;Kelkar et al.,2012)、有限差分(Hicks et al.,1996;Taron et al.,2009;Roussel et al.,2011)、边界元(Asgian,1989;Zhang et al.,2006;Cheng,2009;Olson et al.,2009;Zhou et al.,2011;Weng et al.,2011;Meyer et al.,2011;Safari et al.,2011;Jeffrey et al.,2012;Tarasovs et al.,2012;Sesetty et al.,2012)、块体—弹簧模型(Baisch et al.,2010)、扩展有限元法(Dahi Taleghani et al.,2011)、离散元(Pine et al.,1985;Last et al.,1990;Rachez et al.,2010;Nagel et al.,2011)、混合有限元/离散元法(Rogers et al.,2010)以及颗粒离散元法(Suk Min et al.,2010;Deng et al.,2011;Zhao et al.,2011;Damjanac et al.,2010)。Jing 等(2003)对岩石力学中使用的数值计算方法(包括上述所有方法)进行了总结。

在离散裂缝网络模型中使用地质力学—流体流动耦合模型的已公开的结果中,大部分只考虑有限数量的裂缝。一些文章还对一个或几个原有裂缝上的诱导滑移进行了研究

（Baisch et al.，2010；Zhou et al.，2011；Safari et al.，2011）。有的则对一个或几个正在扩展的裂缝以及原先存在的裂缝进行了分析（Heuze et al.，1990；Zhang et al.，2006；Rahman et al.，2009；Suk Min et al.，2010；Deng et al.，2011；Zhao et al.，2011；Dahi Taleghani et al.，2011；Jeffrey et al.，2012；Sesetty et al.，2012；Cheng，2009；Keshavarzi et al.，2012）。另有对几十条预先存在的裂缝组成的裂缝网络（没有新裂缝扩展）上的诱导滑移进行了探索（Pine et al.，1985；Asgian，1989；Last et al.，1990；Hicks et al.，1996；Swenson et al.，1997；Rachez et al.，2010）。再有研究则分析了没有预先存在裂缝条件下的多裂缝扩展（Tarasovs et al.，2012；Roussel et al.，2011）。还有其他研究将新裂缝和原有裂缝在网络上的扩展结合起来，涉及的裂缝多达几十条（Damjanac et al.，2010；Nagel et al.，2011，2012；Fu et al.，2012；Weng et al.，2011；Rogers et al.，2010）。

　　随着裂缝网络规模和复杂程度的增加，地质力学离散裂缝模拟所面对的挑战也越来越大。有限元和有限差分方法要求对裂缝周围的区域（二维）或体积区域（三维）进行离散化，对于复杂的裂缝网络和多样的裂缝几何形状，这可能导致网格单元数量非常多。边界元方法（Boundary Element Method，BEM）可以避免对裂缝周围区域进行离散化，但如果直接应用边界元方法，对于大型问题来说，计算效率不高，因为它们需要求解稠密线性方程组。由于采用迭代法和近似法提高了边界元求解的效率，所以上述缺陷在本书的模型中得到了有效改善。边界元的其他缺点包括其通常无法处理任意岩石性质和非均质性、在精确求解小角度的裂缝相交问题上困难重重（3.4 节和4.4 节）。扩展有限元法可能最终会成为水力压裂模拟的强大技术，但该方法相对较新，还没有在复杂裂缝网络中进行验证。

　　颗粒离散元法有一定优势。该方法用途较广，可应对任意岩石性质的情况，且其仅要求对裂缝周围体积进行较粗的离散化处理，避免了离散网格太多，计算量太大的困难。但在这些模型中，宏观岩石属性（如杨氏模量）在模型中具有显著作用，模型的输入参数（包括离散网格的疏密）必须通过试错法来调整，以寻找与预期模型行为相匹配的模拟参数（Potyondy et al.，2004）。

## 参 考 文 献

Abelin，H.，Birgersson，L.，Moreno，L.，Widén，H.，Ägren，T.，Neretnieks，I.：A large - scale flowand tracer experiment in granite：2 results and interpretation. Water Resour. Res. 27（12），3119 - 3135（1991）. doi：10. 1029/91WR01404.

Adachi，J.，Siebrits，E.，Peirce，A.，Desroches，J.：Computer simulation of hydraulic fractures. Int. J. Rock Mech. Min. Sci. 44（5），739 - 757（2007）. doi：10. 1016/j. ijrmms. 2006. 11. 006.

Asgian，M.：A numerical model of fluid - flow in deformable naturally fractured rock masses. Int. J. Rock Mech. Min. Sci. Geomech. Abstr. 26（3 - 4），317 - 328（1989）. doi：10. 1016/0148 - 9062（89）91980 - 3.

Baisch,S. ,V? r? s,R. ,Rothert,E. ,Stang,H. ,Jung,R. ,Schellschmidt,R. :A numerical model forfluid injection induced seismicity at Soultz – sous – Forêts. Int. J. Rock Mech. Min. Sci. 47(3),405 – 413(2010). doi: 10. 1016/j. ijrmms. 2009. 10. 001.

Baria,R. ,Michelet,S. ,Baumg? rtner,J. ,Dyer,B. ,Gerard,A. ,Nicholls,J. ,Hettkamp,T. ,Teza,D. ,Soma,N. , Asanuma,H. ,Garnish,J. ,and Megel,T. :Microseismic monitoring of the world's largest potential HDR reservoir. Paper presented at the twenty – ninth workshop ongeothermal reservoir engineering,Stanford University,https://pangea. stanford. edu/ERE/db/IGAstandard/record_detail. php? id = 1702(2004).

Bruel,D. :Heat extraction modelling from forced fluid flow through stimulated fractured rock masses:application to the Rosemanowes Hot Dry Rock reservoir. Geothermics 24(3),361 – 374(1995). doi:10. 1016/0375 – 6505 (95)00014 – H.

Bruel,D. :Using the migration of the induced seismicity as a constraint for fractured Hot Dry Rock reservoir modelling. Int. J. Rock Mech. Min. Sci. 44(8),1106 – 1117(2007). doi:10. 1016/j. ijrmms. 2007. 07. 001.

Cacas,M. C. ,Ledoux,E. ,Marsily,G. D. ,Barbreau,A. ,Calmels,P. ,Gaillard,B. ,Margritta,R. :Modeling fracture flow with a stochastic discrete fracture network:calibration and validation:2 the transport model. Water Resour. Res. 26(3),491 – 500(1990). doi:10. 1029/WR026i003p00491.

Cheng,Y. :Boundary element analysis of the stress distribution around multiple fractures:implications for the spacing of perforation clusters of hydraulically fractured horizontal wells,SPE 125769. Paper presented at the SPE eastern regional meeting,Charleston(2009). doi:10. 2118/125769 – MS.

Cladouhos,T. T. ,Clyne,M. ,Nichols,M. ,Petty,S. ,Osborn,W. L. ,Nofziger,L. :Newberry Volcano EGS demonstration stimulation modeling. Geoth. Resour Counc. Trans. 35,317 – 322(2011).

Dahi – Taleghani,A. ,Olson,J. :Numerical modeling of multistranded – hydraulic – fracture propagation:accounting for the interaction between induced and natural fractures. SPE J. 16(3),575 – 581(2011). doi:10. 2118/ 124884 – PA.

Damjanac,B. ,Gil,I. ,Pierce,M. ,and Sanchez,M. :A new approach to hydraulic fracturing modeling in naturally fractured reservoirs,ARMA 10 – 400. Paper presented at the 44th U. S. Rock mechanics symposium and 5th U. S. – Canada Rock mechanics symposium,Salt LakeCity,Utah(2010).

Deng,S. ,Podgorney,R. ,and Huang,H. :Discrete element modeling of rock deformation,fracture network development and permeability evolution under hydraulic stimulation. Paper presented at the thirty – sixth workshop on geothermal reservoir engineering,Stanford University,http://www. geothermal – energy. org/pdf/IGAstandard/ SGW/2011/deng. pdf? (2011).

Dershowitz,W. S. ,Cottrell,M. G. ,Lim,D. H. ,and Doe,T. W. :A discrete fracture network approach for evaluation of hydraulic fracture stimulation of naturally fractured reservoirs,ARMA 10 –475. Paper presented at the 44th U. S. Rock mechanics symposium and 5th U. S. – Canada Rock mechanics symposium,Salt Lake City(2010).

Dezayes,C. ,Genter, A. ,Valley,B. :Structure of the low permeable naturally fractured geothermal reservoir at Soultz. C. R. Geosci. 342(7 –8),517 –530(2010). doi:10. 1016/j. crte. 2009. 10. 002.

Du,C.,Zhan,L.,Li,J.,Zhang,X.,Church,S.,Tushingham,K.,and Hay,B.:Generalization of dual – porosity – system representation and reservoir simulation of hydraulic fracturing – stimulated shale gas reservoirs,SPE 146534. Paper presented at the SPE annual technical conference and exhibition,Denver(2011). doi:10. 2118/ 146534 – MS.

Economides,M. J.,Nolte,K. G.:Reservoir Stimulation,3rd edn. John Wiley,New York(2000).

Fakcharoenphol,P.,Hu,L.,and Wu,Y.:Fully – implicit flow and geomechanics model:application for enhanced geothermal reservoir simulations. Paper presented at the thirtyseventh workshop on geothermal reservoir engineering,Stanford University,https://pangea. stanford. edu/ERE/db/IGAstandard/record _ detail. php? id = 8254(2012).

Fu,P.,Johnson,S. M.,Carrigan,C. R.:An explicitly coupled hydro – geomechanical model for simulating hydraulic fracturing in arbitrary discrete fracture networks. Int. J. Numer. Anal. Meth. Geomech. (2012). doi: 10. 1002/nag. 2135.

Geertsma,J.,de Klerk,F.:A rapid method of predicting width and extent of hydraulically induced fractures. J. Petrol. Technol. 21(12),1571 – 1581(1969). doi:10. 2118/2458 – PA.

Golder Associates:User documentation:FracMan 7:interactive discrete feature data analysis,geometric modeling, and exploration simulation(2009).

Heuze,F. E.,Shaffer,R. J.,Ingraffea,A. R.,Nilson,R. H.:Propagation of fluid – driven fractures in jointed rock. Part 1 – development and validation of methods of analysis. Int. J. Rock Mech. Min. Sci. Geomech. Abstr. 27 (4),243 – 254(1990). doi:10. 1016/0148 – 9062(90)90527 – 9.

Hicks,T. W.,Pine,R. J.,Willis – Richards,J.,Xu,S.,Jupe,A. J.,Rodrigues,N. E. V.:A hydrothermo – mechanical numerical model for HDR geothermal reservoir evaluation. Int. J. Rock Mech. Min. Sci. Geomech. Abstr. 33(5),499 – 511(1996). doi:10. 1016/0148 – 9062(96)00002 – 2.

Jeffrey,R.,Wu,B.,Zhang,X.:The effect of thermoelastic stress change in the near wellbore region on hydraulic fracture growth. Paper presented at the thirty – seventh workshop on geothermal reservoir engineering,Stanford University,https://pangea. stanford. edu/ERE/db/IGAstandard/record_detail. php? id = 8287(2012).

Jing,Z.,Willis – Richards,J.,Watanabe,K.,and Hashida,T.:A three – dimensional stochastic rock mechanics model of engineered geothermal systems in fractured crystalline rock. J. Geophys. Res. 105(B10),23663 – 23679(2000). doi:10. 1029/2000JB900202.

Jing,L.:A review of techniques,advances and outstanding issues in numerical modelling for rock mechanics and rock engineering,Int. J. Rock Mechanics and Mining Sci. 40(3),283 – 353(2003). doi:10. 1016/S1365 – 1609(03)00013 – 3.

Karimi – Fard,M.,Durlofsky,L. J.,Aziz,K.:An efficient discrete – fracture model applicable for general – purpose reservoir simulators. SPE J. 9(2),227 – 236(2004). doi:10. 2118/88812 – PA.

Kazemi,H.,L S,M.,Porterfield,K. L.,Zeman,P. R.:Numerical simulation of water – oil flow in naturally fractured reservoirs. Soc. Petrol. Eng. J. 16(6),317 – 326(1976). doi:10. 2118/5719 – PA.

Kelkar,S. ,Lewis,K. ,Hickman,S. ,Davatzes,N. C. ,Moos,D. ,and Zyvoloski,G. :Modeling coupled thermal － hydrological － mechanical processes during shear stimulation of an EGS well. Paper presented at the thirty － seventh workshop on geothermal reservoir engineering,Stanford University,https://pangea. stanford. edu/ERE/db/IGAstandard/record_detail. php? id = 8295(2012).

Keshavarzi,R. ,and Mohammadi,S. :A new approach for numerical modeling of hydraulic fracture propagation in naturally fractured reservoirs,SPE 152509. Paper presented at the SPE/EAGE European unconventional resources conference and exhibition,Vienna,Austria(2012). doi:10. 2118/152509 － MS.

Khristianovich,S. A. ,and Zheltov,Y. P. :Theoretical principles of hydraulic fracturing of oil strata. Paper presented at the fifth world petroleum congress,New York(1959).

Kim,J. ,Tchelepi,H. ,Juanes,R. :Stability,accuracy,and efficiency of sequential methods for coupled flow and geomechanics. SPE J. 16(2),249 － 262(2011). doi:10. 2118/119084 － PA.

Kohl,T. ,Mégel,T. :Predictive modeling of reservoir response to hydraulic stimulations at the European EGS site Soultz － sous － Forêts. Int. J. Rock Mech. Min. Sci. 44(8),1118 － 1131(2007). doi:10. 1016/j. ijrmms. 2007. 07. 022.

Lanyon,G. W. ,Batchelor,A. S. ,and Ledingham,P. :Results from a discrete fracture network model of a Hot Dry Rock system. Paper presented at the eighteenth workshop on geothermal reservoir engineering,Stanford University,https://pangea. stanford. edu/ERE/db/IGAstandard/record_detail. php? id = 2245(1993).

Last,N. C. ,and Harper,T. R. :Response of fractured rock subject to fluid injection. Part I. Development of a numerical model. Tectonophysics 172(1 － 2),1 － 31(1990). doi:10. 1016/0040 － 1951(90)90056 － E.

Lee,S. H. ,and Ghassemi,A. :Three － dimensional thermo － poro － mechanical modeling of reservoir stimulation and induced seismicity in geothermal reservoir. Paper presented at the thirty － sixth workshop on geothermal reservoir engineering, Stanford University, https://pangea. stanford. edu/ERE/db/IGAstandard/record _ detail. php? id = 7261(2011).

Lemonnier,P. ,and Bourbiaux,B. :Simulation of naturally fractured reservoirs. State of the art. Oil Gas Sci. Technol. － Revue de l'Institut Fran? ais du Pétrole 65(2),239 － 262(2010). doi:10. 2516/ogst/2009066.

McCabe,W. J. ,Barry,B. J. ,Manning,M. R. :Radioactive tracers in geothermal underground water flow studies. Geothermics 12(2 － 3),83 － 110(1983). doi:10. 1016/0375 － 6505(83)90020 － 2.

McClure,M. W. :Modeling and characterization of hydraulic stimulation and induced seismicity in geothermal and shale gas reservoirs. Stanford University,Stanford(2012).

McClure,M. W. ,and Horne,R. N. :Discrete fracture modeling of hydraulic stimulation in enhanced geothermal systems. Paper presented at the thirty － fifth workshop on geothermal reservoir engineering,Stanford University, https://pangea. stanford. edu/ERE/db/IGAstandard/record_detail. php? id = 5675(2010a).

McClure,M. W. ,Horne,R. N. :Numerical and analytical modeling of the mechanisms of induced seismicity during fluid injection. Geoth. Resour. Counc. Trans. 34,381 － 396(2010b).

McClure,M. W. ,and Horne,R. N. :Investigation of injection － induced seismicity using a coupled fluid flow and rate/state friction model. Geophysics 76(6),WC181 - WC198(2011)doi:10. 1190/geo2011 - 0064. 1.

Meyer and Associates, I. : Meyer fracturing simulators, 9th ed. http://www. mfrac. com/documentation. html (2011).

Meyer, B. , and Bazan, L. : A discrete fracture network model for hydraulically induced fractures: theory, parametric and case studies, SPE 140514. Paper presented at the SPE hydraulic fracturing technology conference, The Woodlands, Texas, USA(2011). doi:10. 2118/140514 - MS.

Miller, C. , Waters, G. , and Rylander, E. : Evaluation of production log data from horizontal wells drilled in organic shales, SPE 144326. Paper presented at the North American Unconventional Gas Conference and Exhibition, The Woodlands, Texas, USA(2011). doi:10. 2118/144326 - MS.

Nagel, N. , Gil, I. , Sanchez - Nagel, M. , and Damjanac, B. : Simulating hydraulic fracturing in real fractured rocks - overcoming the limits of pseudo3d models, SPE 140480. Paper presented at the SPE hydraulic fracturing technology conference, The Woodlands, Texas, USA(2011). doi:10. 2118/140480 - MS.

Nordgren, R. P. : Propagation of a vertical hydraulic fracture. Soc. Petrol. Eng. J. 12(4),306 - 314(1972). doi:10. 2118/3009 - PA.

Olson, J. , and Dahi - Taleghani, A. : Modeling simultaneous growth of multiple hydraulic fractures and their interaction with natural fractures, SPE 119739. Paper presented at the SPE hydraulic fracturing technology conference, The Woodlands, Texas(2009). doi:10. 2118/119739 - MS.

Palmer, I. , Moschovidis, Z. , and Cameron, J. : Modeling shear failure and stimulation of the Barnett Shale after hydraulic fracturing, SPE 106113. Paper presented at the SPE hydraulic fracturing technology conference, College Station, Texas(2007). doi:10. 2118/106113 - MS.

Perkins, T. K. , Kern, L. R. : Widths of hydraulic fractures. J. Petrol. Technol. 13(9),937 - 949(1961). doi:10. 2118/89 - PA.

Pine, R. J. , and Cundall, P. A. : Applications of the fluid - rock interaction program(FRIP) to the modelling of hot dry rock geothermal energy systems. Paper presented at the international symposium on fundamentals of rock joints, Bjorkliden(1985).

Potyondy, D. O. , Cundall, P. A. : A bonded - particle model for rock. Int. J. Rock Mech. Min. Sci. 41(8), 1329 - 1364(2004). doi:10. 1016/j. ijrmms. 2004. 09. 011.

Rachez, X. , and Gentier, S. : 3D - hydromechanical behavior of a stimulated fractured rock mass. Paper presented at the world geothermal congress, Bali. http://www. geothermal - energy. org/pdf/IGAstandard/WGC/2010/3152. pdf(2010).

Rahman, M. , Rahman, M. : A fully coupled numerical poroelastic model to investigate interaction between induced hydraulic fracture and pre existing natural fracture in a naturally fractured reservoir: potential application in tight gas and geothermal reservoirs, SPE 124269. Paper presented at the SPE annual technical conference and exhibition, New Orleans, Louisiana(2009). doi:10. 2118/124269 - MS.

Rahman, M. K. , Hossain, M. M. , Rahman, S. S. : A shear - dilation - based model for evaluation of hydraulically stimulated naturally fractured reservoirs. Int. J. Numer. Anal. Meth. Geomech. 26(5),469 – 497(2002). doi:10. 1002/nag. 208.

Rogers,S. ,Elmo,D. ,Dunphy,R. ,Bearinger,D. :Understanding hydraulic fracture geometry and interactions in the Horn River Basin through DFN and numerical modeling,SPE 137488. Paper presented at the Canadian unconventional resources and international petroleum conference,Calgary,Alberta,Canada(2010). doi:10. 2118/ 137488 – MS.

Roussel,N. ,Sharma,M. :Strategies to minimize frac spacing and stimulate natural fractures in horizontal completions,SPE 146104. Paper presented at the SPE annual technical conference and exhibition,Denver(2011). doi:10. 2118/146104 – MS.

Safari,M. R. ,Ghassemi,A. :3D analysis of huff and puff and injection tests in geothermal reservoirs,paper presented at the thirty – sixth workshop on geothermal reservoir engineering Stanford University, https:// pangea. stanford. edu/ERE/db/IGAstandard/ record_detail. php? id = 7217(2011).

Sausse,J. ,Dezayes,C. ,Genter,A. ,Bisset,A. :Characterization of fracture connectivity and fluid flow pathways derived from geological interpretation and 3D modelling of the deep seated EGS reservoir of Soultz(France). Paper presented at the thirty – third workshop on geothermal reservoir engineering,Stanford University,https:// pangea. stanford. edu/ERE/db/IGAstandard/record_detail. php? id = 5270(2008).

Sesetty,V. ,Ghassemi,A. :Modeling and analysis of stimulation for fracture network generation. Paper presented at the thirty – seventh workshop on geothermal reservoir engineering, Stanford University, https:// pangea. stanford. edu/ERE/db/IGAstandard/record_detail. php? id = 8356(2012).

Suk Min,K. ,Zhang,Z. ,Ghassemi,A. :Hydraulic fracturing propagation in heterogeneous rock using the VMIB method. Paper presented at the thirty – fifth workshop on geothermal reservoir engineering Stanford University, https://pangea. stanford. edu/ERE/db/IGAstandard/record_detail. php? id = 7229(2010).

Swenson,D. ,Hardeman,B. :The effects of thermal deformation on flow in a jointed geothermal reservoir. Int. J. Rock Mech. Min. Sci. ,34(3 – 4),308. e301 – 308. e320(1997). doi:10. 1016/S1365 – 1609(97)00285 – 2.

Tarasovs,S. ,Ghassemi,A. :On the role of thermal stress in reservoir stimulation. Paper presented at the thirty – seventh workshop on geothermal reservoir engineering Stanford University,https://pangea. stanford. edu/ERE/ db/IGAstandard/record_detail. php? id = 8372(2012).

Taron,J. ,Elsworth,D. :Thermal – hydrologic – mechanical – chemical processes in the evolution of engineered geothermal reservoirs. Int. J. Rock Mech. Min. Sci. 46 (5), 855 – 864 (2009). doi: 10. 1016/ j. ijrmms. 2009. 01. 007.

Tezuka,K. ,Tamagawa,T. ,Watanabe,K. :Numerical simulation of hydraulic shearing in fractured reservoir. Paper presented at the world geothermal congress, Antalya, Turkey, https://pangea. stanford. edu/ERE/db/IGAstandard/record_detail. php? id = 1000(2005).

Vassilellis,G. ,Bust,V. ,Li,C. ,Cade,R. ,Moos,D. :Shale engineering application:the MAL – 145 project in West Virginia,SPE 146912. Paper presented at the Canadian unconventional resources conference,Alberta,Canada

（2011）. doi:10. 2118/146912 – MS.

Wang, X. , Ghassemi, A. :A 3D thermal – poroelastic model for geothermal reservoir stimulation. Paper presented at the thirty – seventh workshop on geothermal reservoir engineering, Stanford University, https://pangea. stanford. edu/ERE/db/IGAstandard/record_detail. php? id = 8382(2012).

Warren, J. E. , Root, P. J. :The behavior of naturally fractured reservoirs. Soc. Petrol. Eng. J. 3(3), 245 – 255 (1963). doi:10. 2118/426 – PA.

Weng, X. , Kresse, O. , Cohen, C. – E. , Wu, R. , Gu, H. :Modeling of hydraulic – fracture – network propagation in a naturally fractured formation. SPE Prod. Oper. 26(4), 368 – 380(2011). doi:10. 2118/140253 – PA.

Willis – Richards, J. , Watanabe, K. , Takahashi, H. :Progress toward a stochastic rock mechanics model of engineered geothermal systems. J. Geophys Res. 101(B8), 17481 – 17496(1996). doi:10. 1029/96JB00882.

Xu, W. , Thiercelin, M. , Ganguly, U. , Weng, X. , Gu, H. , Onda, H. , Sun, J. , Le Calvez:Wiremesh:a novel shale fracturing simulator, SPE 132218. Paper presented at the international oil and gas conference and exhibition, Beijing(2010). doi:10. 2118/132218 – MS.

Yamamoto, T. , Kitano K. , Fujimitsu Y. , Ohnishi H. :Application of simulation code, GEOTH3D, on the Ogachi HDR site, paper presented at the 22nd annual workshop on geothermal reservoir engineering, Stanford University, https://pangea. stanford. edu/ERE/db/IGAstandard/record_detail. php? id = 463(1997).

Zhang, X. , Jeffrey, R. G. :The role of friction and secondary flaws on deflection and re – initiation of hydraulic fractures at orthogonal pre – existing fractures. Geophys. J. Int. 166(3), 1454 – 1465(2006). doi:10. 1111/j. 1365 – 246X. 2006. 03062. x.

Zhao, X. , Young R. P. :Numerical modeling of seismicity induced by fluid injection in naturally fractured reservoirs. Geophysics 76(6), WC167 – WC180(2011). doi:10. 1190/geo2011 – 0025. 1.

Zhou, X. , Ghassemi, A. :Three – dimensional poroelastic analysis of a pressurized natural fracture. Int. J. Rock Mech. Min. Sci. 48(4), 527 – 534(2011). doi:10. 1016/j. ijrmms. 2011. 02. 002.

# 2　建 模 方 法

本书描述的离散裂缝网络模型计算了流体流动和裂缝变形,模型需要将原有的裂缝网络作为输入参数,在给出新裂缝可能出现的位置前提下,该模型就能够描述新裂缝的扩展能力。

假定裂缝周围基质中流体的流动可忽略不计,由于采用边界元法,不必对裂缝周围的区域进行离散,大大减少了网格单元的数量。

在接下来的各节中,详细介绍了模型的建立过程,包括控制方程和本构方程、数值求解方法、离散方法、已有(以及可能形成的)离散裂缝网络生成实现方法,以及为保证结果符合实际、提高计算效率而采用的一些特殊数值模拟技术手段。

## 2.1　控制方程和本构方程

模型中,流体流动为单相等温流动,裂缝中的非稳态流体质量守恒方程如下式(修改自 Aziz et al. ,1979)

$$\frac{\partial(\rho E)}{\partial t} = \nabla \cdot (q_{\mathrm{flux}} e) + s_{\mathrm{a}} \tag{2.1}$$

式中　$s_{\mathrm{a}}$——源项(单位面积裂缝在单位时间内产生或消失的质量),kg/(s·m$^2$);

　　　$t$——时间,s;

　　　$E$——孔隙开度(裂缝单位面积孔隙体积),mm;

　　　$\rho$——流体密度,kg/m$^3$;

　　　$q_{\mathrm{flux}}$——质量通量(通过单位流动截面的质量流量),kg/(s·m$^2$);

　　　$e$——裂缝开度(裂缝内流体流动的有效宽度),mm。

假设流体流动为达西流动,则 $x_i$ 方向的质量通量(Aziz et al. ,1979)为:

$$q_{\mathrm{flux},i} = \frac{k\rho}{\mu_1} \frac{\partial p}{\partial x_i} \tag{2.2}$$

式中　$p$——流体压力,MPa;

　　　$\mu_1$——流体黏度,Pa·s;

　　　$k$——渗透率,m$^2$。

流体密度和黏度为压力的函数(因为模拟的是等温流动),假设温度恒为20℃,利用 XSteam 2.6 的 Matlab 代码运算(Holmgren,2007),获得多个压力下的流体密度和黏度值,再对其进行多项式曲线拟合,最后插值计算所需压力下的流体密度和黏度。由于本书建立的模型将应用在地热领域,因此假设的温度较高,相比于室温条件,高温会使流体密度略微降低,黏度会降低近10%。

裂缝传质系数(渗透率和裂缝开度乘积)满足以下立方定律(Jaeger et al.,2007)

$$T = ke = \frac{e^3}{12} \tag{2.3}$$

对于两光滑平板,裂缝开度等于孔隙开度,但对表面粗糙的岩石裂缝而言,裂缝开度要小于孔隙开度(Liu,2005)。离散裂缝网络模型中,"裂缝"既可代表裂隙,也可代表更复杂的结构(如断层带),后者的孔隙开度可能远大于裂缝开度,模型中允许 $e$ 和 $E$ 不同。

对于一维裂缝中的单相流动,质量流量 $q$ 为:

$$q = \frac{Th\rho}{\mu_1} \frac{\partial p}{\partial x} \tag{2.4}$$

式中　$h$——裂缝的"平面外"长度(例如一维裂缝平面图中垂直裂缝的高度),m。

流体流动的内边界条件(表示井筒),可采用定流量或定压力井筒边界条件(2.3.10节),空间域的外边界为封闭边界。

假设体积力为零,利用连续介质中的准静态守恒方程计算变形产生的应力,该应力用以下向量方程表示(Jaeger et al.,2007)

$$\nabla^T T_s = 0 \tag{2.5}$$

式中　$T_s$——应力张量,MPa。

假设模型为各向同性均质体,满足线弹性假设,根据胡克定律(Jaeger et al.,2007),应力和应变关系表示为:

$$T_s = \frac{2G\nu_p}{1 - 2\nu_p} trace(\varepsilon)I + 2G\varepsilon \tag{2.6}$$

式中　$I$——单位矩阵,无量纲;

　　　$\varepsilon$——应变张量,无量纲;

　　　$\nu_p$——泊松比,无量纲;

　　　$G$——剪切模量,GPa。

任意点处的累计剪切位移不连续量 $D$ 等于滑动速度 $v$ 对时间的积分:

$$D = \int v \mathrm{d}t \tag{2.7}$$

张开裂缝和闭合裂缝存在一定差异:张开裂缝处于拉应力状态,裂缝壁面分离,相互不接触;闭合裂缝则承受压应力,裂缝壁相互接触。

对于闭合裂缝,根据库伦摩擦定律,剪应力不大于滑动摩擦力。在这里增加了一项 $v\eta$(辐射阻尼项),用来近似高速滑动时的惯性影响(Rice,1993;Segall,2010),辐射阻尼系数 $\eta$ 等于 $G/(2v_s)$,其中 $v_s$ 为剪切波波速(Rice,1993;Segall,2010),辐射阻尼项的大小约为几个兆帕,这意味着除非滑动速度达到每秒几个厘米,否则辐射阻尼项很小。考虑了辐射阻尼项的库伦破坏准则可表示为(Jaeger et al. ,2007;Segall,2010):

$$|\tau - v\eta| = \mu_f\sigma'_n + S_0 \tag{2.8}$$

式中    $\mu_f$——摩擦系数,无量纲;

$S_0$——裂缝内聚力,MPa;

$\sigma'_n$——有效正应力,MPa。

$\sigma'_n$ 定义如下(Jaeger et al. ,2007):

$$\sigma'_n = \sigma_n - p \tag{2.9}$$

式中,压应力为正,当裂缝的剪应力小于滑动摩擦力时,剪切变形可忽略不计。

根据力的平衡,张开裂缝的有效正应力为零。由于张开裂缝中流体不能承受剪应力,因此裂缝壁上应力也为零(Crouch et al. ,1983),那么上述两种应力状态可表示为:

$$\sigma'_n = 0 \tag{2.10}$$

$$\tau - v\eta = 0 \tag{2.11}$$

利用一些关系式,可将有效正应力、累计剪切位移量与孔隙开度和裂缝开度关联起来。为避免单元在张开—闭合状态切换时产生不连续,所选的关系式与室内实验所得结果保持一致。闭合裂缝的开度定义如下(Willis–Richards et al. ,1996;Rahman et al. ,2002;Kohl et al. ,2007):

$$E = \frac{E_0}{1 + 9\sigma'_n/\sigma_{n,Eref}} + D_{E,eff}\tan\frac{\varphi_{Edil}}{1 + 9\sigma'_n/\sigma_{n,Eref}} \tag{2.12}$$

式中    $E_0,\sigma_{n,Eref},\varphi_{Edil}$——常数。

当 $D < D_{E,eff,max}$ 时,$D_{E,eff}$ 等于 $D$,反之,$D_{E,eff}$ 等于 $D_{E,eff,max}$,裂缝开度 $e$ 和孔隙开度 $E$ 可以不同。$\varphi_{Edil}$ 的非零值表示滑动条件下孔隙体积膨胀,$\varphi_{Edil}$ 的非零值则对应于滑动条件下导流能力增大情况。

原有的张开裂缝的孔隙开度和裂缝开度定义如下:

$$E = E_0 + D_{E,eff}\tan\varphi_{Edil} + E_{open} \tag{2.13}$$

$$e = e_0 + D_{e,eff}\tan\varphi_{edil} + E_{open} \tag{2.14}$$

式中    $E_{open}$——裂缝壁面间距,mm。

处理新产生裂缝的裂缝开度和孔隙开度与原有裂缝不同。对新生裂缝,定义了一个新参数——残余开度 $E_{hfres}$，假设裂缝开度 $e$ 等于孔隙开度 $E$，那么新产生的张开裂缝的开度为：

$$E = E_{hfres} + E_{open} \tag{2.15}$$

而新产生的闭合裂缝的开度则为：

$$E = E_{hfres}\exp(-\sigma_n K_{hf}) \tag{2.16}$$

式中　$K_{hf}$——给定的闭合水力裂缝单元的刚度，$MPa^{-1}$。

如果裂缝处于闭合状态，则新生裂缝的导流系数可按下式计算：

$$T = T_{hf,fac}E_{hfres} \tag{2.17}$$

式中　$T_{hf,fac}$——给定常数，$m^2$。

而如果新生裂缝为张开型，则导流系数为：

$$T = T_{hf,fac}E_{hfres} + E_{open}^3/12 \tag{2.18}$$

采用上述方法计算新生裂缝的导流系数时，需要时可赋予其较高的残留导流系数值，该方法可以非常简单地表征新生裂缝中支撑剂的作用，支撑剂在裂缝闭合后可形成较高的残余导流能力（Fredd et al.，2001）。

## 2.2　初始条件

假设模拟初始时，模型中流体压力和应力状态（记为 $p$、$\sigma_{xx}$、$\sigma_{yy}$ 和 $\sigma_{xy}$）为常数，在自然系统中，应力状态和孔隙压力在空间上是不均匀分布的。例如，层间力学性质的差异可导致明显的应力非均质性，有学者认为这是裂缝垂向上受限的原因（Warpinski et al.，1982；Teufel et al.，1984）。必要时，可在开始模拟前改变单个单元的应力状态，从而能够较为简单地在模型中引入应力状态的空间变化。

## 2.3　求解方法

本节对控制方程的数值求解方法进行了介绍，该模拟器在满足本构关系、修正变形应力以及满足力平衡力学方程的同时，求解了非稳态质量守恒方程式（2.1）；采用有限体积法对流动方程进行求解；对力学变形问题，则使用 Shou 等（1995）提出的边界元法（Shou - Crouch 法）进行求解。采用隐式欧拉法进行时间步离散化，在每一时间步对耦合方程组中的所有方程和未知数同时进行求解（Aziz et al.，1979）。

## 2.3.1 迭代耦合

在每个时间步中,模拟器根据质量守恒和动量守恒方程,对主要变量——压力($p$)、裂缝开度($E$)和剪切位移($D$)进行求解(具体见 2.3.4 节至 2.3.7 节)。采用迭代耦合法(Kim et al.,2011)将方程组分为若干部分,然后依次求解直至收敛,迭代耦合法流程如图 2.1 所示。

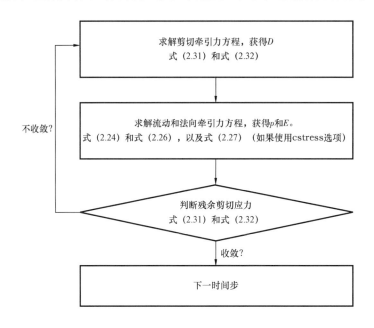

图 2.1 单个时间步迭代耦合方法总结

每个时间步开始时,首先将剪切应力方程[式(2.8)和式(2.11)或式(2.31)和式(2.32)]作为一个方程组,把滑动位移作为未知数,保持压力和法向位移不变,进行求解(2.3.5 节)。接着,以压力和法向位移为未知数,保持剪切位移不变,对质量守恒和法向应力方程[式(2.1)、式(2.10)和式(2.12)];或等价的[式(2.24)、式(2.26)和式(2.27)]进行求解(2.3.4 节)。在求解流动和法向应力方程时,残余剪应力发生了变化,故在完成流动和法向应力方程求解后,要重新复核残余剪应力值,如果残余剪应力低于某一阈值($itertol$),则认为达到收敛,否则模拟器继续迭代,直到实现收敛。在本书的模拟中,通常情况下不到 10 次迭代(普遍 3 次左右)即可完成收敛。此外,更大的时间步长意味着需要更多的迭代次数才能达到收敛。

## 2.3.2 裂缝变形——位移不连续法

采用位移不连续元法对裂缝变形引起的应力进行求解。Shou 和 Crouch(1995)采用了二次基函数,该方法通过求解平面应变条件下,无限大、二维、均匀、各向同性的线弹性介质的小应变变形的准静态平衡方程及协调方程,计算剪切位移和法向位移不连续所引起的应力,该问题可简化为求解各单元 $i$ 的剪切位移 $\Delta D$ 以及各单元 $j$ 的张开位移 $\Delta E$ 产生的诱导

应力 $\Delta\tau$ 和 $\Delta\sigma$，应力和位移线性相关，表示如下：

$$\Delta\sigma_{n,i} = \sum_{j=1}^{n} (\boldsymbol{B}_{E,\sigma})_{ij}\Delta E_j \qquad (2.19)$$

$$\Delta\sigma_{n,i} = \sum_{j=1}^{n} (\boldsymbol{B}_{D,\sigma})_{ij}\Delta D_j \qquad (2.20)$$

$$\Delta\tau_i = \sum_{j=1}^{n} (\boldsymbol{B}_{E,\tau})_{ij}\Delta E_j \qquad (2.21)$$

$$\Delta\tau_i = \sum_{j=1}^{n} (\boldsymbol{B}_{D,\tau})_{ij}\Delta D_j \qquad (2.22)$$

式中　$\boldsymbol{B}_{E,\sigma}$，$\boldsymbol{B}_{D,\sigma}$，$\boldsymbol{B}_{E,\tau}$ 和 $\boldsymbol{B}_{D,\tau}$——相互作用系数矩阵，按照 Shou – Crouch 法(1995)计算，相互作用系数在一次模拟中不发生变化，故只需计算一次，然后保存结果即可，MPa/mm。

Shou – Crouch(1995)的方法假设平面应变变形，即变形介质的厚度在平面外尺寸无限大。在三维空间中，裂缝变形引起的应力扰动空间范围与裂缝的最小尺寸相关(宽度或长度)。因此，平面应变意味着由裂缝变形引起的诱导应力的空间范围与缝长呈线性关系。在层状地层中(相比于增强型地热系统，在页岩中更为常见)，水力裂缝通常受限于力学隔挡层，其缝长远大于缝高，这种情况下，平面应变不再适用，可采用 Olson 修正系数(2004)来考虑缝高影响，将各相互作用系数乘以一个因子：

$$G_{\text{adj},ij} = 1 - \frac{d_{ij}^{\beta}}{(d_{ij}^2 + (h/\alpha)^2)^{\beta/2}} \qquad (2.23)$$

式中　$h$——给定地层高度，如果 $h$ 非常大，则修正系数近似等于1，用该方法可简化为平面应变，m；

　　　$d$——两单元 $i$ 和 $j$ 之间的距离，m；

　　　$\alpha$——经验值，等于1；

　　　$\beta$——经验值，等于 2.3(Olson，2004)。

## 2.3.3　闭合裂缝法向位移产生的应力

该模拟器可选择包括(cstress 选项)或不包括(nocstress 选项)闭合裂缝法向位移产生的诱导应力。

本书认为 nocstress 法合理的原因是因为闭合裂缝法向应力变化较大时，对应的张开位移仍然非常小。根据 Barton 等(1985)的研究，闭合节理在低于10MPa 的法向应力下柔度最大，根据节理的刚度不同，当法向应力从10MPa 降为0时，法向位移变化为 0.1 ~ 0.25mm。如果一条10m 长的闭合裂缝产生 0.1mm 的张开位移，则该位移产生的应力变化(假设为平面应变状态)约在 0.1MPa 以下[据式(2.46)]。由于裂缝刚度与其尺寸成反比[式(2.46)]，对于更大的裂缝，诱导应力可能更小。因此，闭合单元张开位移所产生的诱导应力可以忽略不计,对结果无显著影响,除非节理非常小或具有异常柔度。

另一方面,并不是所有的闭合裂缝都是较薄的节理,cstress 法也有其适用范围。比如,在离散裂缝网络模型中,断层带可被视作裂缝,但断层厚度实际上可达厘米级至米级,断层带是一个复杂的裂缝发育的多孔介质区域(Wibberley et al. ,2008;Faulkner et al. ,2010),此时,离散裂缝网络模型表示的裂缝并不是所谓的断裂裂缝,孔隙开度和裂缝开度包括断层带内所有流体储存和导流的有效值。由于断层带的有效孔隙开度可以非常大(如果断层带厚度大,孔隙度高),可容纳大量的流体,因此,与细窄裂隙相比,它们会产生更大的位移、应变和应力。

总之,虽然 cstress 法对厚断层带模拟有效,但目前在实现上仍存在一些问题:模型采用 Shou – Crouch(1995)位移不连续法来计算裂缝法向位移产生的应力,而该方法原来是为了计算裂隙张开产生的应力而设计的,这种裂隙张开形成的位移不连续表现为固体沿离散平面分开且物理分离。流体填充孔隙发育的有限厚度断层带的物理过程明显不同于裂隙张开。其中一处不同是注入相同量的流体,由于流体被挤入到一个更窄的区域(相对断层带),裂隙张开产生的应力更大,从而产生更大的应变(应变是位移与几何尺寸之比)。因此,将裂缝张开用于断层带的多孔弹性膨胀模型是不正确的。在以后的研究中,可将 Shou – Crouch 法(1995)替换为考虑体积、多孔弹性应变的边界元法。改变边界元方法会影响单元间相互作用系数,但 cstress 法的整体数值求解方法(2.3.3 节)不会发生改变。

### 2.3.4  求解流体流动和正应力方程

将裂缝离散成离散单元(2.4.2 节)。采用有限体积法对非稳态质量守恒方程[式(2.1)]进行隐式求解,形成一个非线性方程组,必须在每一个时间步内对其进行求解。流体流动方程组包含了表示正应力条件的方程。

采用 cstress 方法时,求解方程的系数矩阵的规模为 $2n \times 2n$ ($n$ 为单元总数),各单元的压力和裂缝有效开度为未知数。采用 nocstress 方法时,求解方程的系数矩阵的大小为 $(n+m) \times (n+m)$ 系数矩阵($m$ 为开启单元总数),各开启单元的压力和孔隙开度为未知数。在许多模拟中,$m$ 远小于 $n$,因此 cstress 法计算量要大得多。

采用有限体积法,单元 $m$ 的质量守恒残差方程[由式(2.1)和式(2.4)所得]可表示为:

$$R_{m,mass} = \sum_{q=1}^{Q} T_{g,qm}^{n+1} \left(\frac{\rho}{\mu_1}\right)_{qm}^{n+1} (p_q^{n+1} - p_m^{n+1}) + s_m^{n+1} - 2a_m h \frac{(E\rho)_m^{n+1} - (E\rho)_m^n}{dt^{n+1}} \quad (2.24)$$

式中   $n$——上一时间步;

$n+1$——当前时间步;

$Q$——与单元 $m$ 相连的单元数;

$q$——虚拟下标,表示与单元 $m$ 相连的每一个单元;

$a$——单元半长,m;

$T_g$——两个单元之间的传质率的几何部分[称为几何传质率,其定义见式 (2.25)],$\text{m}^3$;

$s_m$——源项,代表一口井等(单位时间内产生或消失的质量,正值表示流入单元),kg/s;

d$t$——时间步的时间长度,s。

采用全隐式方法对方程组进行求解,求解线性方程组得到当前时间步中所有变量的值。采用 cstress 方法时几何传递率项采用显式求值,采用上游单元加权计算$(\rho/\mu_l)_{qm}$项在$m$单元的值。

在本书中,"传质系数"这一术语描述的是流体通过裂缝(一般情况)的能力,而"传质率"表示的是流体在两个数值单元间流动的能力。几何传质率采用调和平均法计算。对于并不处在裂缝相交处的两个相邻单元之间的沟通,几何传质率计算公式为

$$T_{g,qm} = \frac{2h(e_q^3/a_q)(e_m^3/a_m)}{12(e_q^3/a_q) + (e_m^3/a_m)} \tag{2.25}$$

裂缝相交处的几何传质率则根据 Karmi – Fard 等的方法(Karimi – Fardi et al. ,2004)计算,该方法不需要在相交中心位置设置一个零维单元。在 Karmi – Fard 计算方法中,裂缝相交处两单元之间的几何传质率受该处所有单元的影响。

对开启单元(nocstress 法或 cstress 法),附加残差方程为[据式(2.10)]

$$R_{E,o} = \sigma_n' \tag{2.26}$$

其中,$E_{\text{open}}$(或等价的$E$)为附加未知数,mm。

对于 cstress 法,各闭合单元的裂缝开度为附加未知数(相应产生一个附加方程)。此时,对闭合单元,附加的残差方程为[据式(2.12)]:

$$R_{E,c} = E - \frac{E_0}{1 + 9\sigma_n'/\sigma_{n,Eref}} - D_{E,eff}\tan\frac{\varphi_{Edil}}{1 + 9\sigma_n'/\sigma_{n,Eref}} \tag{2.27}$$

式中  $E$——附加未知数,mm。

对于 nocstress 法,忽略了闭合单元开度变化产生的应力。因为可直接将裂缝孔隙开度和裂缝开度之间的经验关系[式(2.12)]代入流体流动残差方程[式(2.24)],因此不需要在求解方程中加入闭合单元的附加未知数和方程[式(2.27)]。将裂缝开度作为$p$、$D$和$\sigma_n$的函数,而与$E$没有关系,将其分别代入 cstress 法和 nocstress 法的流体流动残差方程中。

采用类似于牛顿拉夫逊迭代法,对方程组进行求解。在牛顿拉夫逊迭代中,迭代矩阵定义如下:

$$J_{ij} = \frac{\partial \boldsymbol{R}_i}{\partial \boldsymbol{X}_j} \tag{2.28}$$

式中　$i$——行数；

　　　$j$——列数；

　　　$J_{ij}$——迭代矩阵；

　　　$R_i$——残差向量；

　　　$X_j$——未知数向量(Aziz et al.,1979)。

在牛顿拉夫逊迭代中,迭代矩阵称为雅可比矩阵。但是,正如前文所述,所采用的迭代矩阵并非完全雅可比式,因此在本节并不采用"雅可比矩阵"这一术语。算法对 $X$ 进行一系列试值,直到满足一定的收敛条件。对每一次迭代,$X$ 按下式进行更新:

$$X_{new} = X_{prev} + \mathrm{d}X \tag{2.29}$$

其中

$$J\mathrm{d}X = -R \tag{2.30}$$

每一次对 $X$ 进行更新后,对残差向量进行重新计算。裂缝开度的变化产生诱导应力(如果采用 cstress 法,则是指所有单元的开度变化;如果采用 nocstress 法,则是指开启单元的开度变化),因此作为残差向量更新的一部分,应根据开度的变化对各单元的应力进行更新。应力更新需要据式(2.19)和式(2.21)进行矩阵乘法运算。求解式(2.30)和应力更新是求解方程组时计算量最大的两个步骤。

在位移不连续法(DD)中,各个单元的法向位移会影响其他单元的应力。因此,法向位移对应的全雅可比矩阵在列的维度上非常密集。求解一个大型稠密方程组[正如求解式(2.30)],计算量是很大的,直接求解的话,将严重限制可求解问题的实际规模。为了解决这个问题,本书采用不完全雅可比矩阵作为迭代矩阵,而不是完全雅可比矩阵。

本书采用的迭代矩阵等于忽略某一阈值以下相互作用系数的完全整雅可比矩阵。该方法可有效对本书方程组进行求解,因为在平面应变条件下,相互作用系数的大小按距离平方的倒数衰减[采用 Olson 修正系数(2004)时,相互作用系数衰减更快]。因此,相邻单元的相互作用系数远大于较远处的单元相互作用系数。

纳入迭代矩阵的阈值设定如下:对开启单元,为自身相互作用系数(表示单元张开位移对自身法向应力的影响)大小的5%;对闭合单元,则为30%(如果采用 cstress 法)。设定这些阈值之后,迭代矩阵中各开启单元通常有5~10个相互作用系数,而各闭合单元的相互作用系数数量则更少。

忽略迭代矩阵中的某些系数并不影响解的准确性,只是会降低根据式(2.28)进行的试值更新的质量。在每一次 dX 更新计算后,考虑所有的相互作用系数,根据式(2.19)和式(2.21)计算张开位移变化引起的应力。

采用不完全雅可比矩阵,增加了达到收敛所需的迭代次数(相比于采用全雅可比矩阵的情况),但可大幅度降低求解式(2.30)的计算量。因为单元相互作用主要受近邻单元影响(且时间步足够小,相邻时间步内变量仅略微变化),所以在适量的迭代次数后仍可能实现收敛。一般而言,模拟器通过 3~4 次迭代后实现收敛。

迭代矩阵是一个非对称稀疏矩阵,可使用开源程序包 UMFPACK 求解迭代矩阵(Davis,2004a,2004b;Davis et al.,1997,1999),UMFPACK 程序包中,公开可用的方法主要有 AMD(Amestoy et al.,1996,2004;Davis,2006)、BLAS(Lawson et al.,1979;Dongarra et al.,1988a,1988b,1990a,1990b)以及 LAPACK(Anderson et al.,1999)。

有几种判别准则可用于流动/张开应力方程收敛性的判断。两次迭代之间的流体压力变化必须低于 0.001 MPa,张开位移变化必须低于 1 μm;将各应力残差方程乘以 0.1,各质量守恒残差乘以 $dt/(2a_iE_ih\rho_i)$,井筒残差方程乘以 $1/s_i$(如果规定了流量),可计算得到归一化残差向量。为达到收敛,归一化残差的无穷范数必须低于 $10^{-4}$。欧几里得范数(维度由单元数决定)必须小于 $10^{-5}$。如果设定了定压边界条件,对流入/流出系统的总流量进行计算,每次迭代中流入、流出的质量流量之差要求低于 $10^{-5}$ kg/s。

如果在规定的迭代次数内非线性方程组不能收敛,则采用更小的时间步长 $dt$ 重新计算,测试中很少发现不收敛的情况。

## 2.3.5　剪应力方程求解

剪应力方程求解时,将累积位移 $D$(或等价的 $v$ 或 $\Delta D$)作为未知数,流体压力和法向位移保持恒定。在某一时间步内,滑动速度 $v$ 等于 $\Delta D$ 除以 $dt$(前者为该时间步内的滑动位移变化,后者为该时间步的时间步长)。

Kim 等(2011)对流动和变形的不同迭代耦合方式进行了稳定性和收敛性分析。在求解变形问题时,保持各单元的质量恒定,比保持各单元的压力恒定更好。在本研究中,在求解剪切变形方程时保持压力不变,在以后的工作中,将尝试保持质量不变,有可能实现收敛效率的提升。

闭合和开启单元的剪应力方程残差方程[据式(2.8)和式(2.11)]:

$$R_{D,\text{closed}} = |\tau - \eta v| - \mu\sigma_n - S_0 \tag{2.31}$$

$$R_{D,\text{open}} = |\tau - \eta v| - S_{0,\text{open}} \tag{2.32}$$

将剪应力残差方程以方程组的形式求解。模拟器会识别具有负值且滑动速度为零的单元,将其设置为"锁定"状态。假设锁定单元的剪切刚度无限大,则锁定单元的滑动速度为零。由于锁定单元的剪切位移没有变化,因此可将其从方程组中剔除。

严格意义上来说,裂缝开启单元不应包括内聚力项 $S_{0,\text{open}}$,因为张开裂缝无法承受剪应力。之所以在式(2.32)中加入该项,是为了数值计算的需要,对结果几乎无影响(只要 $S_{0,\text{open}}$ 足够小)。如果方程中没有 $S_{0,\text{open}}$ 项,从闭合单元到开启单元时,内聚力则会发生突变,这会导致裂缝面快速滑动,从而使得模拟器必须采用大量的极短的时间步长进行计算。因为该过程在模拟过程中发生较为频繁(每次单元开启都会发生),所以会严重降低计算效率。裂缝开启过程中的内聚力突然丧失可能是一个真实过程,也可能是微地震活动的原因之一。笔者在现有文献中没有找到关于该过程的相关讨论。从数值模拟的角度来看,这一过程给计算带来了不便,会大幅度增加模拟时间,而在方程中包括 $S_{0,open}$ 项则可避免该过程的发生。

在 Shou 和 Crouch(2005)的方法中,一个单元的剪切变形会影响其他单元的应力,导致由式(2.31)和式(2.32)形成的方程组非常稠密。正如求解正应力方程(2.3.4 节)一样,同样采用了类似牛顿拉夫逊迭代的迭代方法求解该方程。整个雅可比矩阵构成了一个迭代矩阵,但其中绝对值低于某一阈值的元素被设定为零。将低于单元自身相互作用系数一定倍数 $J_{mech,thresh}$(本书的模拟工作采用的值为 0.01 倍)的相互作用系数全部从迭代矩阵中移除,由此获得一个稀疏方程组。开展一系列迭代,直到剪应力残差的无穷范数低于设定的界值 $mechtol$。特别复杂化因素在 2.3.6 节和 2.3.7 节进行了讨论。在本书的模拟中,通常进行 5~10 次迭代即可实现收敛。

迭代矩阵为不对称稀疏矩阵,采用开源的 UMFPACK 工具对该矩阵进行求解(Davis,2004a,2004b;Davis et al.,1997,1999)。

与直接求解方程组相比,迭代方法从根本上改善了计算时间随问题规模增大而增大的问题。稠密矩阵直接求解,算法复杂度 $O(n^3)$,其中 $n$ 为单元数。假设求解迭代矩阵的时间可忽略不计,迭代法可将问题简化为数次矩阵乘法运算,此时算法复杂度 $O(n^2)$。正如 2.5.1 节、3.5 节和 4.5 节所述,采用了高效的矩阵乘法运算,将问题的算法复杂度进一步降低到了 $O(n)$ 和 $O[n\lg(n)]$ 之间。

因为迭代矩阵为一般稀疏矩阵,对较大型的问题或 $J_{mech,thresh}$ 值较大的情况,求解矩阵的计算代价较大。如果求解迭代矩阵的成本过高(在本书测试中并没有出现这种情况),可采用带状迭代矩阵。带状迭代矩阵无法考虑临近裂缝处相邻单元间的相互作用(这对裂缝相交处尤为重要),因此需要更多的迭代次数。带状矩阵求解效率非常高,可保证迭代矩阵的求解时间要求。

## 2.3.6 裂缝变形的不等式约束

为了使模拟反映裂缝的真实行为,对裂缝变形施加了两个不等式约束。张开裂缝的壁面不可互相贯通($E_{open} \geq 0$),且裂缝不可沿剪应力相反方向滑动($\tau \Delta D \geq 0$)。在流动/正应力方程求解子循环的每次迭代中,在对位移变化引起的应力进行更新前,模型首先检查各个单元施加的位移是否满足不等式约束。如果施加的位移不满足不等式约束,会对施加位移进行调整以满足等式(此时 $E_{open}$ 和 $\Delta D$ 为零)。

　　模拟器经常进行调整以强制满足约束条件。在求解迭代矩阵时，算法并不考虑约束条件，因此每当单元从闭合转为开启，或从滑动转为不滑动状态时，更新值都会超过零（$E_{\text{open}}$ 或 $\Delta D$ 为零），则必须进行调整。这些调整一般较小，对收敛影响不大。

　　然而对残差方程而言，这些调整为非光滑扰动，它们有可能导致不收敛。本书中的模拟未发生不收敛的情况，但通过测试发现，当方程非常复杂、稠密及或离散程度较差时，求解剪应力残差方程有时会遇到不收敛的问题。如果发生不收敛，模拟器会自动缩短时间步长。只要时间步长足够小，位移可以变得足够小来保证收敛。然而，由于收敛失败而频繁地缩短时间步长会导致效率降低，不利于模拟器性能优化。

　　如果复杂相交裂缝簇离散质量较差，剪应力残差方可能无法收敛。在这种情况下，单元可以通过迭代矩阵始终尝试进行不满足约束的更新相互作用。由于更新不满足约束，继而被重置，于是形成了一个循环。不同于正应力单元残差方程［式（2.26）］，闭合单元的剪应力残差方程［式（2.31）］同时具有正应力和剪应力，增加了单元间相互作用的复杂性。

　　迭代矩阵包含的元素数量会影响不收敛的趋势。迭代矩阵包含的元素越多，相邻单元间存在复杂相互作用的可能性增大，不收敛的可能性就越大。但是，如果迭代矩阵包含更多元素，方程组的收敛速度会更快。因此，需要在效率（在迭代矩阵中包括尽可能多的元素，降低需要迭代的次数）和稳健性（尽可能减少迭代矩阵中的元素数，以消除反向滑动的可能性）之间进行权衡。如果迭代矩阵中包含太多的元素，与更新应力所需的时间相比，求解迭代矩阵所需的时间不可忽略，则会导致计算效率降低。而最稳健的迭代矩阵可能是除了主对角线外，其他位置均为零的，但这种矩阵可能需要数百次迭代才能收敛。鉴于以上原因，用户自定义的参数 $J_{\text{mech,thresh}}$，决定迭代矩阵中包括的元素数量，对效率和稳健性具有重要影响。在本书的模拟中，$J_{\text{mech,thresh}}$ 设定为 0.01。

　　在这本书的模拟中，没有发生过剪切应力残差方程收敛失败的现象。然而，在离散化程度较差的裂缝网络中，则存在收敛失败的可能性。如果发生这种情况，最好的解决方案是细化离散网格，另一种方法是采用更大的 $J_{\text{mech,thresh}}$ 值。

## 2.3.7　力学边界条件变化的处理

　　如2.3.4节和2.3.5节所述，应力平衡方程的形式取决于单元是开启的、滑动的、还是锁定的［式（2.26）、式（2.27）、式（2.31）和式（2.32）］。然而，在某一时间步内，单元状态可能发生变化，所以无法提前得到每个单元所需求解的方程，这对模拟器而言是一大问题。对于边界条件变化的问题有两种处理方法：一种是在每次迭代期间频繁检查单元状态，第二种方法是合理控制时间步长。

　　采用时间步进是有利的，因为对足够小的时间步长，变形是非常小的。时间步长对残差方程有着直接影响［对式（2.24）的累计项、式（2.31）和式（2.32）的辐射阻尼项］。充分减少时间步长,模拟器总可实现收敛,因为残差方程是连续函数(尽管残差方程的导数存在不连续)。

一般而言,采用迭代法并频繁检查单元状态,可在绝大部分情况下实现收敛,因此并不一定需要缩短时间步长。在流动/正应力求解子循环和剪应力求解子循环中均采用了迭代法,随着迭代的收敛,裂缝逐渐变形。改变单元状态可能会使残差方程导数产生不连续,从而对收敛带来负面影响。然而,求解方程使用的是一系列小变形的迭代方法,因此残差不连续的影响得到了控制,通常可以收敛。为了模拟逐渐变形的过程,使得迭代矩阵中包含太多元素($J_{\text{mech,thresh}}$值过小),从而影响了系统的稳健性。

逐渐施加了变形后需要在每一步都检查单元状态。在流动/正应力求解子循环每次迭代后,检查单元的开启/闭合状态;在剪切应力求解子循环每次迭代后,检查单元的开启/滑动/锁定状态。一个例外的情况——对于在剪切应力求解子循环一开始即已锁定的单元,在该子循环的迭代中并不对其进行检查,而是假设它们保持锁定状态。如果采用了动摩擦弱化(2.5.3节),则在剪切应力子求解循环每次迭代后检查所有单元的状态。在剪切应力子求解循环收敛后(流动/正应力求解子循环开始前),对每一个单元(包括之前已锁定的单元)的状态进行检查。最后,在流动/正应力子循环收敛后,在评估迭代耦合的整体耦合误差之前,最后再检查一次单元状态。

如果一些单元的状态在循环迭代过程中来回往复变化,则可能出现不收敛的问题。通过测试发现,即使对于很多单元存在正在开启、滑动或锁定状态的大规模问题,也没有出现这种情况。

由于采用了缩小时间步长的方法,变形方程完成求解时的状态(时间步结束时的变形)与初始试值(时间步开始的变形)极为接近。然而,在3.2.1节中,证实了本书描述的方法可用于求解初始试值与最终结果相差较大的接触问题。

## 2.3.8 新张性裂缝的形成

该模型可对新的张性裂缝扩展进行建模,但需要预先给定可能形成新张性裂缝的位置。在模拟开始前对可能形成的新裂缝进行离散化处理,在潜在裂缝单元变为"真实"单元(进入"活动"状态)前,认为这些单元处于"非活动"状态,即传质系数为零,不可滑动或张开,非活动单元不纳入任何方程组中。但在整个模拟过程中需要对非活动单元的应力状态进行更新。图2.2至图2.4为裂缝网络示例图,这些裂缝网络既包含天然裂缝也包含潜在可能形成的裂缝。

单元激活的过程将在2.3.8节进行讨论。当一个单元被激活时,其开度等于$E_{\text{hfres}}$[式(2.15)和式(2.16)],赋值为10μm。由于$E_{\text{hfres}}$从0增加到10μm,单元激活并不严格遵守质量守恒。然而,由于$E_{\text{hfres}}$较小,相比于模拟中注入流体总量,误差也较小,可将$E_{\text{hfres}}$值缩小,但实际上开度过小的单元可能给模拟器带来问题。单元一旦激活,则永远处于活动状态。

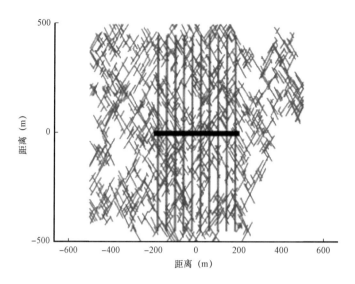

图 2.2　含预先设定的确定性潜在水力裂缝的裂缝网络示意图

黑色线为(水平)井筒;蓝线为天然裂缝;红线为可能形成的水力裂缝

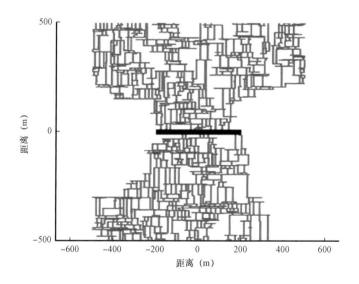

图 2.3　含潜在水力裂缝的裂缝网络示意图

黑色线为(水平)井筒;蓝线为天然裂缝;红线为可能形成的水力裂缝

### 2.3.9　自适应时间步进

采用自适应时间步长,各时间步的长度将发生变化,可以平衡计算效率和精度。时间步长将根据变量 $\delta_i^n$ 的最大变化确定,该变量是用于反映各单元应力变化的快慢。$\delta_i^n$ 定义为在时间步 $n$ 中(各)单元 $i$ 有效正应力变化的绝对值和剪应力变化的绝对值之和。下一时间步的长度根据 Grabowski 等(1979)推荐的方法确定:

$$dt^{n+1} = dt^n \min\left[\frac{(1+\omega)\eta_{targ}}{\delta_i^n + \omega\eta_{targ}}\right] \tag{2.33}$$

式中 $\eta_{targ}$——用户定义的 $\delta$ 的最大变化,无量纲;

$\omega$——值在 $0 \sim 1$ 的因子(本书中 $\omega$ 设定为 $1$)。

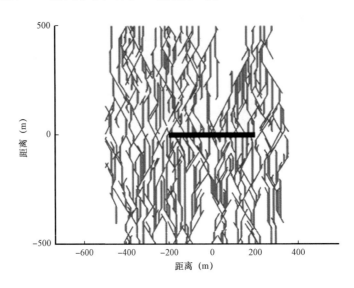

图2.4 含潜在水力裂缝的裂缝网络示意图

黑色线为(水平)井筒;蓝线为天然裂缝;红线为可能形成的水力裂缝

对于任意单元,如果 $\delta_i > 4.0\eta_{targ}$,则停止该时间步,以更小的 $dt$ 值重新计算。

在时间步长的选择上,还设置了数个次要条件。如果剪应力残差方程、流动/张开残差方程或总迭代耦合收敛失败,则将时间步长缩小 80%,并进行重新计算。有时会对时间步长进行调整,以使得最后的时间步与预先规定的模拟时间长度或井筒边界条件预先给定的调整情况相一致(2.3.10 节)。

### 2.3.10 井筒边界条件

井筒边界条件可按流量或压力进行设定。对于注入井,用户指定最大注入压力 $p_{injmax}$ 和最大注入流量 $q_{injmax}$。对于生产井,用户指定最大生产流量 $q_{prodmax}$ 以及最小生产压力 $p_{prodmin}$,井筒控制参数由用户指定。在每一个时间步,模拟器会自动选择并施加合适的约束,以保证满足其他约束,并施加适当的边界条件。

定流量边界条件下,对于连接到井筒的单元,式(2.24)中的源项 $s$ 不为零。这些与井筒相连的单元源项的总和等于井的注入或产出速率。

$$S = \sum_k s_k \tag{2.34}$$

式中 $S$——给定的注入或产出速率(注入为正值),$\mathrm{kg/s}$;

$k$——按与井筒相连的单元数循环。

将式(2.34)加入流动方程组中,$p_{inj}$ 为相应的未知数,与井筒相连的各单元的源项 $s_k$ 为:

$$s_k = \frac{T_{g,wk}(p_{inj} - p_k)\rho_{wk}}{\mu_{l,wk}} \qquad (2.35)$$

根据式(2.25)计算裂缝单元和井筒之间的几何传质率 $T_{g,wk}$,假设 $e_w$ 无穷大(尽管井筒不是真正意义上的裂缝,不具备裂缝开度的概念)。当 $e_w$ 极大时,式(2.25)可简化为

$$T_{g,wk} = 2he_k^3/(12a_k) \qquad (2.36)$$

如果流量设置为零,井筒仍与地层保持连通,裂缝之间会通过井筒形成窜流。假设井筒内的压降可忽略不计,此时,流动方程仍包括式(2.34),但 $S$ 值为零。

定压边界条件是通过在流动方程中引入一个体积和裂缝开度非常大(等效于无限大)的单元来实现的。由于该单元体积非常大,无论流体流入或流出该单元,其压力均保持不变。

## 2.4 空间域

### 2.4.1 离散裂缝网络生成

对于模拟器使用的裂缝网络,可以是确定的,也可以随机生成。如果采用确定性生成方法,则意味着用户明确规定了裂缝(或可能形成的裂缝)的位置。

裂缝网络随机生成所采用的技术较为简单,利用接受/拒绝算法,按顺序生成裂缝,裂缝网络中裂缝总数由用户设定。在确定任一裂缝的位置前,根据预先设定的概率分布,生成一系列长度和方位。接着,按从最大到最小的顺序,确定裂缝的位置。对于每一条裂缝,会确定一个候选位置,并在"接受"该候选位置前,进行某些检查。如果不满足要求,则选择一个新的候选位置,并重复此过程,直到找到一个可接受的裂缝位置。

候选位置在指定的空间域内是随机选择的,为了避免边界效应,候选位置所对应的空间域比原模型的空间域更大,在全部裂缝生成后,将裂缝网络裁剪成原模型空间域的大小。

候选的裂缝位置被算法接受还是拒绝,是根据数项检查要求来决定的,这些检查是为了避免使用位移不连续法所带来的数值计算问题(Shou et al. ,1995)。如 2.5.6 节所述,裂缝以较小的角度相交会造成数值计算问题。为了避免这种情况,裂缝生成时不允许裂缝以低于某一规定临界值的角度(在本书的模型 B 和模型 C 中,该临界角度值为 20°)相交(或出现在交点的 1m 范围内)。此外,两个裂缝交点之间的距离不允许低于 1m。

如 2.3.8 节所述,模拟中形成新的张性裂缝,但这些可能形成的新裂缝的位置必须提前指定。有几种简单的算法可用于确定这些可能形成的新张性裂缝的位置。在所有情况下,

假设可能形成的新水力裂缝均垂直于远场最小主应力方向。这种假设实际上进行了一定程度的简化,因为尽管新形成的裂缝确实应该垂直于最小主应力方向,但模拟过程中的变形会引起应力扰动,使得主应力相对于其原始方向发生局部偏转(所以实际上,新形成裂缝不一定垂直远场最小主应力)。

可采用确定性方法设定可能形成的新水力裂缝的位置。为了保证这一过程与裂缝相交的接受/拒绝要求的兼容,应在随机生成裂缝前,对可能形成裂缝的位置进行人工设定,图2.2所示的裂缝网络用于模型B(3.3.1节)。

确定可能形成新张性裂缝的位置时,还采用了其他两种算法。这两种算法是在随机生成预先存在的裂缝网络之后执行(而不是像确定性方法那样,在这之前执行)。在这两种算法中,扩展裂缝可在天然裂缝处终止,或穿过天然裂缝继续扩展。本书中,这些算法是用于生成那些遇天然裂缝,即停止扩展的裂缝网络。

还有一种算法,在井筒附近随机选择几个位置,作为可能形成新裂缝的起裂点,然后使这些裂缝向远离井筒方向扩展,直至与原生裂缝相交后停止。然后,在与原生裂缝相交处,随机选择几个位置,实现更多潜在裂缝的起裂和扩展,重复上述过程。图2.3为采用这一方法的离散化示例,为了避免数值计算问题,要求新生裂缝之间的距离不低于1m。

另一种算法则使可能形成的新裂缝在预先存在的裂缝的尖端处起裂,然后使这些裂缝向远离井筒方向扩展,直到遇到预先存在的裂缝后停止,并重复这一过程。图2.4所示裂缝网络是3.3.2节中模型C所使用的网络。

在所有裂缝生成后,采用图的广度优先搜索算法,识别能够与井连通的天然裂缝及可能形成的人工压裂裂缝。由于假设基质渗透率为零,与井筒不连通的裂缝在注入过程中处于水力隔离状态,在模拟中应忽略这些裂缝。

## 2.4.2 空间离散化

由于假设忽略基质渗透率,采用边界元方法计算力学变形,只需要对裂缝进行离散,而不必对裂缝周边区域进行离散。图2.5为典型的离散化例子,各个单元大小可以不同。

Shou 和 Crouch(1995)的边界元方法在单元半长一定倍数范围内(小于1)内是不准确的,为了降低计算误差,在裂缝临近相交的区域,需要对离散网格进行细化处理。

离散化分两个步骤进行,首先对裂缝进行初始离散,将裂缝剖分为半长大致相等($a_{const}$)的单元。然后,对单元进行迭代加密。

在初始离散过程中,算法自各裂缝的一端起,沿裂缝移动,每次生成一个单元,单元长度为$2a_{const}$。裂缝交点不可位于单元内部,因此如果遇到裂缝交点或到达裂缝末端,则终止单元。单元在裂缝交点或端点终止时,单元的长度不足$2a_{const}$。如果新生成的单元的半长低于某一阈值($0.5a_{const}$),则将该单元与上一单元合并。但是,如果上一单元位于裂缝交点的另

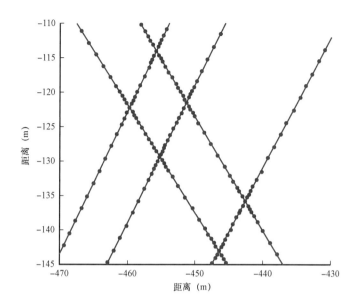

图 2.5 裂缝网络离散化示意图

所示圆点代表各个单元的中心,注意在裂缝交点附近进行了网格加密

一侧或新单元为该裂缝的第一个单元,不存在上一单元,则不进行合并。如果裂缝的端点与裂缝交点的距离小于 $0.1a_{const}$,则移除该裂缝端点,形成 T 形交点。

生成初始离散网格后,采用迭代算法进一步加密。在每次迭代中,对每个单元进行两项条件检查,如不满足任一项条件,则将该单元一分为二。设定单元的最小半长 $a_{min}$,当单元半长低于该值时,单元不被拆分。重复这一过程,直到没有单元可被拆分。

第一项条件是在裂缝交点附近进行加密:

$$a_i < l_c + d_{ij}l_f \tag{2.37}$$

式中  $a_i$——第 $i$ 个单元的半长,m;

$d_{ij}$——第 $i$ 个单元到交点 $j$ 之间的距离,m;

$l_c$ 和 $l_f$——常量。

第二项条件是为了防止单元之间过于接近:

$$l_k a_i < D_{ij} \tag{2.38}$$

其中,$l_k$ 等于一个指定值,当单元 $i$ 和单元 $j$ 属于同一裂缝时,等于 $l_s$;当单元 $i$ 和单元 $j$ 位于不同裂缝时,等于 $l_o$。对同一裂缝上的单元,$D_{ij}$ 是单元 $j$ 的中心到单元 $i$ 的边界的距离;对位于不同裂缝上的单元,$D_{ij}$ 取单元 $j$ 的中心到单元 $i$ 的中心和两个端点三个数值中的最小者。

为了避免每次迭代均需对式(2.38)进行 $n^2$ 次计算,将空间域进行网格划分,仅对相邻格网格块或在同一网格块中的单元之间对式(2.38)求值。

## 2.5 特殊模拟专题

### 2.5.1 高效矩阵乘法

在 Shou – Crouch 方法(1995)中,每一个单元的变形都会影响其他各个单元的应力。因此,应力更新需要对相互作用系数稠密矩阵进行乘法运算——该过程算法复杂度为二次方阶($n^2$)。随着问题规模的增长,对时间和内存(RAM)的消耗变得无法承受。

幸运的是,目前已有实现高效矩阵乘法的近似方法,两种技术分别为快速多极子方法(Morris et al. ,2000)和层次矩阵分解法(Rjasanow et al. ,2007)。本书中模拟采用的是开源的 Hmmvp 软件,该程序编程实现了层次矩阵分解法和自适应交叉近似法(Bradley,2012)。在开始模拟前,使用 Hmmvp 对给定裂缝网络相互作用系数的 4 个矩阵[式(2.19)至式(2.22)]进行矩阵分解和近似,分解结果储存在内存中,并在模拟开始时加载。在模拟器中,使用 Hmmvp 进行应力更新矩阵乘法运算。在3.5 节和4.5 节中,论证了 Hmmvp 可大幅度降低矩阵乘法所需的内存和时间。

### 2.5.2 裂缝尖端区域

在模拟预先存在的裂缝和新生成裂缝逐渐张开时,均需要进行特殊处理。如2.3.8 节所述,模拟器可模拟新张性裂缝的扩展,但必须提前指定这些裂缝的位置。模拟器必须具备处理以下3 种情况的能力:(1)新裂缝起裂(激活新生成裂缝的第 1 个单元);(2)新生成裂缝延伸(激活新生成裂缝上之后的单元);(3)预先存在的裂缝的逐渐张开。

采用一种非常简单的方法对新张性裂缝起裂进行处理。对任一可能形成的水力裂缝,识别其与预先存在裂缝或井筒相接触的单元(仍未激活),标记为"起裂"单元,并将起裂单元和与其相接的相邻裂缝或井筒单元相"关联"。在每一时间步结束时,对所有起裂单元进行检查,判断是否应被激活。检查时,假设各起裂单元的流体压力等于与其关联的所有单元的最高流体压力。如果起裂单元有效正应力小于零(拉伸应力),则判定该裂缝开始起裂。为避免对离散网格的依赖性,裂缝交点 1m 范围内可能形成的裂缝上的所有单元(包括起裂单元)全部被激活。

一旦可能生成的水力裂缝上的单元被激活,则采用另一算法来计算裂缝延伸。根据式(2.39)(Schultz,1988),基于位移不连续法,估算裂缝尖端应力强度因子:

$$K_{\mathrm{I}} = \frac{G}{4\pi(1-\nu)}E_{\mathrm{open}}\sqrt{\frac{2\pi}{a}} \qquad (2.39)$$

式中　$E_{\mathrm{open}}$——裂缝尖端单元的开度,mm;

　　　　$a$——裂缝半长,m。

如果应力强度因子达到临界值 $K_{\mathrm{I,crithf}}$，则裂缝进一步扩展。

为了实现裂缝扩展，将裂缝尖端前方 2m 距离内的新生成裂缝区域定义为过程区。当裂缝尖端单元的应力强度因子达到临界值时，则过程区内的单元均被激活。应用式（2.39）时，允许已被激活的裂缝上的任一单元作为裂缝尖端单元，而不一定是最靠外的活动单元。

采用一种特殊方法来处理预先存在的裂缝的张开扩展。此时，预先存在裂缝仅部分张开，认为裂缝由张开到闭合过渡的位置为有效裂缝尖端。

如果不采用这一特殊方法，预先存在裂缝的张开扩展可能会非常慢，与真实情况不符。为了使裂缝的张开行为可以沿预先存在裂缝传播，必须使流体能够从有效裂缝尖端的开启单元流向相邻的闭合单元。由于采用了调和平均法来计算单元之间的几何传质率[式（2.25）]，高传质率和低传质率单元之间的流量受到低传质率单元的限制。因此，如果不作特殊调整，则裂缝张开行为沿预先存在裂缝向前传播的过程将受到有效裂缝尖端前方闭合单元传质率的限制。但是，因为流体流入尖端后方单元，逐渐使裂缝张开，裂缝尖端的扩展速率应当与尖端后方张开裂缝的（高）传质率成比例，所以上述情况不符合实际，这也是裂缝可以在极低渗透率基质中扩展的原因：裂缝扩展受裂缝尖端后方流入流体影响，而非裂缝尖端前方流体。

裂缝的张开会在裂缝尖端前方产生张应力，但是由于多孔弹性响应的影响，这些应力无法使有效裂缝尖端前方的单元开启。考虑到水几乎不可压缩（相比于裂缝）以及质量守恒，单元的有效正应力必须保持基本不变，除非有流体流入或流出[否则的话，根据式（2.12）和式（2.24），裂缝有效开度会发生变化，导致单元的质量发生变化]。受此影响，裂缝尖端前方的张应力会引起流体压力降低，从而使有效正应力基本保持不变，阻止裂缝张开。

为了解决这一问题，进行了特殊调整来增加有效裂缝尖端前方的单元的传质能力。采用式（2.39）计算有效裂缝尖端处的应力强度因子，如果应力强度因子达到了临界值 $K_{\mathrm{I,crit}}$（该值可与 $K_{\mathrm{I,crithf}}$ 不同），则将有效裂缝尖端 2m 范围内（属同一裂缝）的单元划入过程区。将过程区内单元的裂缝开度设定为过程区裂缝开度 $e_{\mathrm{proc}}$（等于 106μm），除非其原裂缝开度高于 $e_{\mathrm{proc}}$。由于过程区裂缝开度足够大，流体可快速地流入。

此外，值得一提的是剪切性水力改造不需要进行特殊处理。在剪切性水力改造中，剪切滑移会使传质能力增大，且传质能力增大区域会沿预先存在裂缝前移。此时可将发生滑移、传质能力增大的区域和未发生滑移、传质能力未增大的区域之间的边界位置定义为有效剪切裂缝尖端。在有效剪切裂缝尖端之前，会发生剪应力集中，正如在有效张开裂缝尖端之前存在张应力集中。但是，与张性裂缝不同的是，这个过程中没有会抵消应力集中影响的多孔弹性作用。因此，诱导剪应力会引起有效裂缝尖端之前发生剪切变形，并增大裂缝传质能力，而无须任何流体流至裂缝尖端前方，将该过程称为"裂缝剪切性水力改造"[参考文献

(McClure,2012)3.4.2.2节和4.4.2节]。

### 2.5.3 动态摩擦弱化

当断层上的摩擦作用快速减弱时会引发地震活动,从而导致滑动引起的剪应力快速释放。描述断层摩擦演化的主要理论是速度—状态依赖性摩擦理论,其被广泛应用于地震建模(Dieterich,2007)。在该理论中,摩擦系数会随着时间发生变化,也受滑移速度和裂缝滑移历史的影响。根据速度—状态依赖性摩擦理论,摩擦系数可表示如下(Segall,2010)

$$\mu_{\rm f} = f_0 + a_{\rm rs}\ln\frac{v}{v_0} + b\ln\frac{\theta v_0}{d_{\rm c}} \tag{2.40}$$

式中  $f_0$——常数,范围在 $0.6\sim1.0$;

$a_{\rm rs}$ 和 $b$——常数,量级在 $0.01$;

$v_0$——规定的参考速度,m/s;

$\theta$——随时间变化(裂缝摩擦演化)的状态变量,s;

$d_{\rm c}$——特征弱化距离,量级为微米(在某些应用中,所用值远大于此处所用值),m。

第 1 章参考文献中,McClure 和 Horne(2011)提出并阐述了一种将速度—状态依赖性摩擦演化、变形和流体流动相耦合的数值方法。

对地震模型与流体流动进行耦合非常有用,因为在某些情况下,地震活动是由流体注入或其他人类活动触发的(McGarr,2002)。

采用速度—状态依赖性摩擦理论的模型相比采用定摩擦系数的模型,计算量显著增大。其中一个原因是在空间上它需要非常精细的离散网格来保障数值计算的稳定性(LaPusta,2001);另一个原因是为了精确模拟地震事件,由于摩擦弱化的非线性现象十分突出,所以速度—状态依赖性摩擦理论需要采用大量的短时间步长。

第 1 章参考文献中,McClure 和 Horne(2011)采用了显式三级龙格库塔(Runge—Kutta)时间步。将滑移速度作为未知量,计算可满足摩擦平衡方程的各个单元的滑移速度,该方法很难应对有效正应力极低的情况。当有效正应力较低时,微小的剪应力扰动即可导致滑移速度的大幅度变化,除非采用非常小的时间步,否则显式时间步方法的准确性会受到严重影响。隐式时间步方法可能在正应力较低的情况下效果更好,但该方法尚未经过测试。

本书的模拟基于静态/动态摩擦法,可作为速度—状态依赖性摩擦理论的替代方案。在静态/动态摩擦理论中,如果单元的剪切应力超过了摩尔库仑破坏准则[式(2.8)],则认为该单元发生滑移,其摩擦系数瞬间降低至一个新的动态值 $\mu_{\rm d}$。摩擦力突然降低,产生快速滑移,可引发相邻单元的接连滑移和摩擦弱化,形成一个类似于地震成核和传播的过程。一旦滑移单元的滑移速度降低至某一阈值以下,摩擦系数立即恢复到原始的静态值。

采用静态/动态摩擦理论时,在剪切应力子循环的每一次迭代之后,都要对所有单元进行摩擦弱化和单元状态检查(2.3.7节)。在每个时间步结束时,检查是否恢复摩擦系数。

虽然静态/动态摩擦理论存在一定缺陷,但它是反映裂缝扩展真实情况与计算效率之间的一个合理折中。在3.3.1节对静态/动态摩擦理论进行了测试,并在4.2.5节对其进行了讨论。第1章参考文献中,McClure和Horne(2011)将速度—状态依赖性摩擦模型的模拟结果和McClure和Horne(2010b)给出的静态/动态摩擦模型的模拟结果进行了对比,定性来看,两者是相似的。

第1章参考文献中,McClure和Horne(2010b)采用了静态/动态摩擦理论,但并未设置辐射阻尼项,因此模拟中地震事件中的所有滑移行为均同时发生、瞬时完成。这种处理是很有问题的,而在本书的模型中,引入辐射阻尼项可避免滑移在瞬间发生(尽管摩擦弱化和恢复是瞬时发生的)。

由于静态/动态摩擦理论允许地震事件在单个单元处成核(且摩擦弱化瞬时发生),因此模拟结果与离散网格具有内在相关性。具有这种性质的地震模型被称为"内在离散"模型(Ben-Zion et al.,1993)。相反,速度—状态依赖性摩擦理论,在适当的离散网格下,地震在数个单元协同组成的小块上成核,这种模型需要对网格进行局部加密来实现收敛。

准静态平衡是本书模型的一个主要假设,当滑移速度非常高时,动态应力传递效应将占主体地位,这会导致计算崩溃。采用辐射阻尼项,即是为了近似模拟这种动态应力传递效应,但对于涉及多个单一、平面断层的计算,它不一定准确(LaPusta,2001)。全动态模拟可以更精确地求解这些问题,但求解过程计算量极大,不适合大型复杂裂缝网络。

### 2.5.4　摩擦模型的一种替代性方法

笔者开发了另一种地震模拟方法,旨在更高效地得到与速度—状态依赖性摩擦模型相同的结果。由于该方法仍在开发过程中,尚未进行广泛测试,因此本书中并未给出这种方法的计算结果。但是,考虑到这种方法是未来研究的一个潜在方向,因此本节将对该方法进行介绍。

地震事件模拟的理想方法应该是随着网格加密,模拟结果可收敛,在网格较粗条件下,其给出的结果准确度在合理范围内,且与速度—状态依赖性摩擦模拟的结果相近。要实现高效的地震模拟,有两个特定问题需要解决:(1)裂缝尖端离散误差(离散网格较粗时)导致破裂扩展模拟困难。(2)单元组必须能够以整体形式相互作用,以实现破裂成核的模拟。

裂缝尖端离散误差(问题1)问题在于当离散网格较粗时,裂缝尖端的应力集中计算结果偏小。当采用速度—状态依赖性摩擦理论时,因为应力集中会导致尖端前方发生位移,因此破裂尖端前方发生摩擦弱化,尽管此时摩擦系数仍然较大。如果因为离散化不合理(起裂的破裂块被离散为一个或多个单元)而导致破裂尖端前方的应力集中太弱,摩擦弱化可能会被人为限制,地震事件在成核后不久就会"消失"。

破裂起裂模拟的挑战(问题2)问题在于为了使结果在网格加密后可收敛,多个单元需要相互协作使得单个地震事件能够成核。速度—状态依赖性摩擦理论中,存在一个地震成核的特征最小块区尺寸(Segall,2010)。因此,通过充分的细化离散网格成核块会包括大量的单元。任何单个单元可实现破裂成核的方法,均不能在加密细化网格下收敛。

静态/动态摩擦理论不能处理破裂起裂问题(问题2),因为无论单元尺寸大小,单一单元均可形成一个地震事件。这是因为在静态/动态摩擦理论中,摩擦弱化的特征长度尺度为零(单元不需要产生任何距离的位移,即可实现摩擦弱化)。因此,模拟结果受离散化处理影响。

有人提出了一种称为RSQSim的策略作为一种地震模拟的高效方法(Dieterich,1995;Dieterich et al.,2010)。在这种策略中,地震事件可在单一单元中成核,使用状态分析的半解析法来计算地震成核的时间。RSQSim策略要求单元尺寸必须大于最小成核块的尺寸。因此,它无法模拟多个单元协作成核的情况(不能解决问题2),而且与静态/动态摩擦理论一样,其结果受离散网格影响。Dieterich(1995)建议对破裂尖端相邻的单元施加一个特殊的放大系数,以处理裂缝尖端离散化问题(问题1)。但是,该方法的稳健性尚存疑问,因为这个放大系数实际上是一个启发式调优参数。由于该参数并非理论推导得出,无法保证该方法的适用性。理想情况下,应该可以从理论上推导出裂缝尖端的调整值,而无须采用试错法对其进行调整。另一个问题是,现在仍不清楚如何使RSQSim策略与流体流动相耦合。

下文将介绍笔者提出的高效地震模拟的替代方法。

单元的默认设置为"静止"状态,静止单元的滑移速度为零。该方法中,静摩擦系数为常数,根据摩尔准则[式(2.8)],当单元的剪应力超过其摩擦阻力,静止单元就会转化为滑移单元。转化后的滑移单元会按照速度强化模型发生滑移。速度强化模型等价于系数$b$为零的速度—状态依赖性摩擦模型[式(2.40)]。

对滑移单元施加了一个特殊条件,以判断其是否应该开始成核。正在成核的单元,应满足位移弱化准则,此时摩擦系数是在规定的移动距离上产生的位移的函数,它随着产生的位移增大而线性降低,直到达到规定的最小值。同时,继续使用速度强化项,该方法等价于采用位移弱化项$f_0$和系数$b$均为零的速度—状态依赖性摩擦模型[式(2.40)]。

如式(2.41)所示,在采用速度—状态依赖性摩擦理论和状态演化老化法则(Segall,2010)的成核过程中,摩擦演化等价于线性位移弱化:

$$\frac{\partial \theta}{\partial t} = 1 - \frac{v\theta}{d_c} \sim -\frac{v\theta}{d_c} \Longrightarrow \log(\theta) = \frac{-vt}{d_c} + C = \frac{-D}{d_c} + C \Longrightarrow \frac{\partial \mu_f}{\partial D} = -\frac{b}{d_c} \quad (2.41)$$

其中,假设在破裂期间,状态快速劣化,因此$\left|\frac{v\theta}{d_c}\right| \gg 1.0$。

选择$f_0$的最小值(即摩擦力不再随位移而减弱),以满足使此时情况等价于$f_0$为常数、

系数 $b$ 非零且状态变量等于以 $1.0\text{m/s}$ 速度滑移时的稳定状态值的速度—状态依赖性摩擦模型。令老化法则中的状态对时间的导数为零,可求解特定滑移速度下的稳定状态值:

$$\frac{\partial \theta}{\partial t} = 1 - \frac{v_{ss}\theta_{ss}}{d_c} = 0 \Longrightarrow \theta_{ss} = \frac{d_c}{v_{ss}} \tag{2.42}$$

谨慎选择判定单元何时开始成核(开始发生位移弱化)的条件相当重要。如果单元(或一块区域的滑移单元)开始发生位移弱化,但该块区的尺寸小于特征最小块区尺寸,则滑移释放剪切应力的速度会超过摩擦弱化产生滑移的速度,不会发生摩擦失稳(摩擦快速弱化)。摩擦失稳需要摩擦弱化的速度超过滑移释放剪切应力的速度。这一原则是成核条件的基础。

提出的成核条件如下:

$$\frac{\partial |\tau|}{\partial D} = -\frac{\partial \mu_f}{\partial D}\sigma'_n \tag{2.43}$$

在式(2.43)中,由于(根据定义)弱化是位移的线性函数,右侧的摩擦系数导数项为常数。式(2.43)的左侧的值可根据当前时间步中各单元发生的剪切应力和位移实际变化来计算得到。一个单元的剪切应力变化既受自身滑移的影响,也受其他所有单元滑移的影响。如果一块区域的单元在滑移,则式(2.43)的左侧的项等价于整个滑移块的刚度。当只有单一单元在滑移时,其等价于单个单元的刚度。如果满足式(2.43),则滑移块已发展到足够大(其等价刚度足够低),开始位移弱化,将导致摩擦失稳和滑移速度快速增加。采用划分较细的离散网格测试发现,当滑移块达到与采用速度—状态依赖性摩擦模型进行模拟时同样块区大小时,该方法成功实现了地震事件成核模拟。当离散网格较粗时(甚至是单个单元尺寸大于最小成核块尺寸时),该方法同样表现良好。

要实现滑移单元向静止状态的恢复,同样需要设定条件。如果单元并非静止,那么它将根据速度强化法则发生滑移(如果开始成核,还可发生位移弱化)。如果单元的滑移速度降低至某一阈值之下,则该单元被重置为锁定状态,其滑移速度恢复至零。对于发生地震成核的单元以及未发生地震成核的单元,采用不同的阈值(前者高于后者)。如果发生地震成核的单元恢复到静止状态,其摩擦系数回复到初始值(对摩擦位移弱化进行重置)。

通过在裂缝尖端增设一项机制来强制成核,可解决裂缝尖端离散误差问题,实现成核的方法是通过将 $f_0$ 降低到其可因为位移弱化而达到的最小值[该值是根据式(2.42)推导出的一个确定的模型参数]来实现的。

还需要一个适当的条件,来决定何时可以进行裂缝尖端调整。如果设置成核太过容易,则破裂会传播过远。如果设置成核太保守,破裂可能传播得不够远。我们的目标是基于新方法使用较粗的离散网格模拟的破裂传播距离,与基于速度—摩擦模型使用精细离散网格的模拟的传播距离相同。如果采用的离散网格较细,大量单元发生滑移,裂缝尖端对结果应该没有影响,因此不需要进行裂缝尖端调整。同时,调整值应当可以提前推导得出,而不是通过试错。

研究发现,应力强度因子法能够确定何时在裂缝尖端施加地震成核。可采用 Schultz 法(1988)[式(2.39)],用滑移距离 $D$ 代替张开位移 $E_{open}$,计算 II 型变形的应力强度因子(2.5.2 节)。采用这种方法,当应力强度因子超过 II 型断裂韧性时,则在裂缝尖端进行成核,应该可以从速度和状态参数推导得到断裂韧性,但这项工作还没有进行。通过反复试验发现,如果使用适当的断裂韧性值,那么破裂传播距离对离散网格不敏感,这与基于完全速度—状态依赖性摩擦模型的模拟结果相一致。

## 2.5.5　自适应域调整

在某些模拟中,会出现这样的情况:在整个或部分模拟过程中,空间域中的大部分区域应力和流体压力变化非常缓慢。根据问题的具体情况,远离注入井的裂缝可能几乎没有流体流动,处于一种既不导致滑移也不导致张开的应力状态。对于这种情况,可通过在每个时间步内不对这些单元的应力进行更新或不将其包含在流动模拟方程中来减少计算量。这一策略称为自适应域调整,在 3.3.1 节和 4.2.4 节中对自适应域调整策略进行了测试。

对不发生变形或几乎没有流体流动的单元进行识别,并将其放入 nochecklist(不检查清单)中,而其他所有单元则归入 checklist(检查清单)。nochecklist 中的单元的应力,并不会在每一个时间步都进行更新。对 nochecklist 单元各次更新的累计变形进行跟踪,按一定间隔,根据 checklist 单元的累计变形,对 nochecklist 单元进行更新。由于线弹性变形与路径无关,周期性地对应力进行更新,所产生的最终应力与频繁对应力进行更新的情况是完全一样的。

作为一个额外的优化,从流体流动方程组中删除了 nochecklist 单元,这使得这些单元的导流能力等效为零。

本书采用一种算法来将单元分类到 nochecklist 中。为了帮助分类,建立了一个单独清单,称之为 activelist(活动清单)。一旦单元被纳入 activelist,则该单元在整个模拟期间始终属于 activelist 单元。以下单元会被归入到 activelist:与井筒相连,滑移残差大于规定的负值 *slidetol*(当滑移残差为正时,即发生滑移),有效正应力低于规定的正值 *opentol*(当正应力应力为负时,单元开启),或初始流体压力的扰动大于 0.1MPa。在模拟案例 B5 和 B9 中(本书中采用自适应域调整的两次模拟),*opentol* 为 4.0,*slidetol* 为 −2.0。整个问题域被划分为一个 30×30 的网格,同时包含一个 activelist 单元的网格块即被认为是活动块。活动块中的所有单元或活动块周围的网格块的单元,均被纳入 checklist,而其他所有单元则归入 *nochecklist*。整体来说,采用该算法,在注入井周围形成了 *checklist* 单元区,且随着时间发展,储层改造范围扩大,该区域逐渐扩大。

## 2.5.6　应变罚函数方法

当单元间距离接近单元尺寸时,边界元(BEM)计算结果会出现不准确的情况(Crouch et al.,1983)。解决该问题的最好的办法(2.4.2节)是对裂缝距离较近的位置进行离散网格加密。但是,该策略不适用于低角度裂缝相交情况,此时相邻的裂缝相距较近,但涉及的区域较大。要对这些几何结构进行合适离散需要大量的、非常小的单元,这在流体流动数值计算中是不可取的。为了避免离散网格过度加密,在离散化算法中规定了一个最小单元尺寸(2.4.2节)。如2.4.1节所述,为了规避这些问题,应该尽可能避免生成含低角度相交裂缝的裂缝网络。

如果裂缝网络中包含低角度相交裂缝,单元间的相互作用可能不稳定。位移和应力会变得非常大,同时位移会形成奇怪的、与现实不符的形态(见3.4节中示例)。这些情况不仅与不符实际,严重的情况下它们还可导致模拟无法使用。低角度裂缝相交处的一些计算误差是可以接受的,但如果低角度裂缝相交所导致的问题严重到使模拟无法继续,则是不可接受的。

本书采用一种被称为应变罚函数方法的算法,以最大限度消除低角度裂缝相交处计算误差带来的影响。该算法会识别开始产生大应变的位置,并施加罚函数应力,防止应变继续增大。该方法可视为一种模拟岩石破坏的粗略方法,岩石破坏本质上就是为了避免应力和应变的极端集中的过程。

应变罚函数方法没有相应的理论基础,是用来作为一种避免灾难性数值误差的方法,但它不能保证所得解完全准确。在裂缝交点附近加密离散网格,可将计算不准确区域限制在离裂缝交点非常近的小范围内(3.4节),从而可以使误差最小化。

保障裂缝相交处的计算准确性可能是一个错误目标。实际上,裂缝交点处会发生极其复杂的变形,而这些变形并不满足Shou和Crouch(1995)边界元法中提出的小应变、线弹性变形假设。因此,来自模型假设的误差会淹没数值计算的误差,这不是笔者的模型所特有的问题。对所有的数值计算方法,包括边界元算法在内,要描述裂缝交点处行为都是极具挑战性的。

在本书的大部分模拟算例中,模型A、模型B和模型C未采用应变罚函数方法(因为这些案例中的裂缝网络不存在低角度裂缝相交,因此无须使用该方法)。在3.4节,用模型D对应变罚函数法进行了测试,该模型包含极低角度的裂缝交叉情况(图3.27至图3.30)。

在(零曲率)裂缝上的任意位置,由位移不连续所引起的应变可定义如下:

$$\varepsilon_k = \frac{\mathrm{d}D_k}{\mathrm{d}x} \tag{2.44}$$

式中　$k$——代表法向移不连续($n$)或切向位移不连续($s$);

　　　　$x$——沿裂缝的距离,m。

采用单元边界处的有限差分近似法计算两种变形模式的导数。对各单元边界,设定临界应变 $\varepsilon_{k,\lim}$,如果任意单元边界的应变绝对值超过了临界应变,则对其施加罚函数应力。下标 $k$ 指代法向位移的应变($n$)或切向位移的应变($s$)。在施加罚函数应力后,将交界面上的限值 $\varepsilon_{k,\lim}$ 更新至当前 $\varepsilon_k$ 的绝对值。

罚函数应力计算如式(2.45)

$$\Delta\sigma_{k,\text{strainadj}} = (\varepsilon_k - \varepsilon_{k,\lim})\frac{G}{1 - v} \tag{2.45}$$

罚函数应力可以应用于界面上的两个单元,也可只应用于其中一个。算法会判断上一个时间步中各单元的运动起到了增加还是减少单元界面处的应变绝对值。如果仅对一个单元进行调整,则对该单元施加全部的惩罚应力(全部调整值)。如果对两个单元均进行调整,则根据其各自对应变变化的影响,将调整值按比例分配至两个单元。

罚函数应力是在随后的时间步开始时施加。为了防止在随后的时间步中施加过大的罚函数应力,应采用自适应时间步进公式[式(2.33)],其中 $\delta_{\text{strainadj}}$ 设定等于 $\Delta\sigma_{k,\text{strainadj}}$ 的最大绝对值,$\eta_{\text{targ,srainadj}}$ 设定为 $\eta_{\text{targ}}$ 值的十分之一。对于 $\delta$ 和 $\eta_{\text{targ}}$(解释见2.3.9节),如果 $\delta_{\text{strainadj}}$ 的值超过了 $4\eta_{\text{targ,srainadj}}$,则拒绝该时间步,以较小的 $\mathrm{d}t$ 值重新计算该时间步。

### 2.5.7　忽略变形引起的应力

本书模型的一个主要目标是实现变形和流体流动的耦合。但是,为了方便测试和对比,好的做法是忽略变形产生的应力(3.3.1节和4.2.6节)。为了忽略变形产生的应力,要将边界单元矩阵中所有的非对角相互作用系数[式(2.19)至式(2.22)]设为零。在此情况下,当单元开启或滑移,它只影响自己的应力,而不会影响周边单元的应力。这种假设可以大幅度简化模型设计,经常被用于模拟剪切性水力改造(Bruel,1995,2007;Sausse et al.,2008;Dershowitz et al.,2010)。

在 Shou - Crouch 法(1995)中,自相互作用系数是单元尺寸的函数,忽略非对角位置的相互作用系数,会使单元刚度具有离散网格依赖性。为了避免忽略应力相互作用带来的离散网格依赖性,可对自相互作用系数进行定义,使其与单元尺寸无关。将裂缝处理为单一、恒定位移的边界单元,裂缝刚度 $K_{\text{frac}}$ 可计算如下(Crouch et al.,1983)

$$K_{\text{frac}} = \frac{1}{\pi(1 - v)}\frac{1}{a_{\text{frac}}} \tag{2.46}$$

式中　$a_{\text{frac}}$——裂缝半长,m。

将反映张开变形对正应力的影响和剪切变形对剪切应力影响的各个单元的相互作用系

数定义为裂缝刚度,按式(2.46)计算。此时,将张开变形与剪切应力以及剪切变形和正应力相关联的自相互作用系数均为零,无须调整。

## 参 考 文 献

Amestoy,P. R. ,Davis,T. A. ,Duff,I. S. :An approximate minimum degree ordering algorithm. SIAM J. Matrix Anal. Appl. 17(4),886-905(1996). doi:10. 1137/S0895479894278952.

Amestoy,P. R. ,Davis,T. A. ,Duff,I. S. :Algorithm 837:AMD,an approximate minimum degree ordering algorithm. ACM Trans. Math. Softw. 30(3),381-388(2004). doi:10. 1145/1024074. 1024081.

Anderson,E. ,Bai,Z. ,Bischof,C. ,Blackford,S. ,Demmel,J. ,Dongarra,J. ,Du Croz,J. ,Greenbaum, A. ,Hammarling,S. ,McKenney,A. ,Sorensen,D. :LAPACK Users´Guide,3rd edn. Society for Industrial and Applied Mathematics,Philadelphia(1999).

Aziz,K. ,Settari,A. :Petroleum Reservoir Simulation. Applied Science Publishers,London(1979).

Barton,N. ,Bandis,S. ,Bakhtar,K. :Strength,deformation and conductivity coupling of rock joints. Int. J. Rock Mech. Min. Sci. Geomech. Abstr. 22(3),121-140(1985). doi:10. 1016/0148-9062(85)93227-9.

Ben-Zion,Y. ,Rice,J. R. :Earthquake failure sequences along a cellular fault zone in a threedimensional elastic solid containing asperity and nonasperity regions,J. Geophys. Res. 98(B8),14109-14131(1993),doi: 10. 1029/93JB01096.

Bradley,A. M. :H-matrix and block error tolerances, arXiv:1110. 2807v2, source code available at http:// www. stanford. edu/∗ambrad,paper available at http://arvix. org/abs/1110. 2807(2012).

Bruel,D. :Heat extraction modelling from forced fluid flow through stimulated fractured rock masses:application to the Rosemanowes Hot Dry Rock reservoir. Geothermics 24(3),361-374(1995). doi:10. 1016/0375-6505 (95)00014-H.

Bruel,D. :Using the migration of the induced seismicity as a constraint for fractured Hot Dry Rock reservoir modelling. Int. J. Rock Mech. Min. Sci. 44(8),1106-1117(2007). doi:10. 1016/j. ijrmms. 2007. 07. 001.

Crouch,S. L. ,Starfield,A. M. :Boundary Element Methods in Solid Mechanics:with Applications in Rock Mechanics and Geological Engineering. Allen & Unwin,London,Boston(1983).

Davis,T. A. :A column pre-ordering strategy for the unsymmetric-pattern multifrontal method. ACM Trans. Math. Softw. 30(2),165-195(2004a). doi:10. 1145/992200. 992205.

Davis,T. A. :Algorithm 832:UMFPACK,an unsymmetric-pattern multifrontal method. ACM Trans. Math. Softw. 30(2),196-199(2004b). doi:10. 1145/992200. 992206.

Davis,T. A. :Direct Methods For Sparse Linear Systems. SIAM,Philadelphia(2006).

Davis,T. A. ,Duff,I. S. :An unsymmetric-pattern multifrontal method for sparse LU factorization. SIAM J. Matrix Anal. Appl. 18(1),140-158(1997). doi:10. 1137/S0895479894246905.

Davis,T. A. ,Duff,I. S. :A combined unifrontal/multifrontal method for unsymmetric sparse matrices. ACM Trans.

Math. Softw. 25(1),1 – 19(1999). doi:10. 1145/305658. 287640.

Dershowitz,W. S. ,Cottrell,M. G. ,Lim,D. H. ,Doe,T. W. :A discrete fracture network approach for evaluation of hydraulic fracture stimulation of naturally fractured reservoirs,ARMA 10 – 475. Paper presented at the 44th U. S. Rock Mechanics Symposium and 5th U. S. – Canada Rock Mechanics Symposium,Salt Lake City,Utah (2010).

Dieterich,J. H. :Earthquake simulations with time – dependent nucleation and long – range interactions. Nonlinear Process. Geophys. 2,109 – 120(1995).

Dieterich,J. H. ,Richards – Dinger,K. B. :Earthquake recurrence in simulated fault systems. In:Savage,M. K. , Rhoades,D. A. ,Smith,E. G. C. ,Gerstenberger,M. C. , Vere – Jones,D. (eds. )Seismogenesis and earthquake forecasting:the frank evison volume II,pp. 233 – 250,Springer Basel(2010).

Dieterich,J. H. :4. 04 – Applications of rate – and state – dependent friction to models of fault slip and earthquake occurrence. In:Gerald,S. (ed. ) Treatise on Geophysics pp. 107 – 129,Elsevier,Amsterdam(2007).

Dongarra,J. J. ,Croz,J. D. ,Hammarling,S. , Hanson,R. J. :An extended set of FORTRAN Basic Linear Algebra Subprograms. ACM Trans. Math. Softw. 14(1),1 – 17(1988a). doi:10. 1145/42288. 42291.

Dongarra,J. J. ,Croz,J. D. ,Hammarling,S. , Hanson,R. J. :Algorithm 656:an extended set of basic linear algebra subprograms:model implementation and test programs. ACM Trans. Math. Softw. 14(1),18 – 32(1988b). doi:10. 1145/42288. 42292.

Dongarra,J. J. ,Du Croz,J. ,Hammarling,S. ,Duff,I. S. :A set of level 3 basic linear algebra subprograms. ACM Trans. Math. Softw. 16(1),1 – 17(1990a). doi:10. 1145/77626. 79170.

Dongarra,J. J. ,Du Croz,J. , Hammarling,S. , Duff,I. S. :Algorithm 679:a set of level 3 basic linear algebra subprograms:model implementation and test programs. ACM Trans. Math. Softw. 16(1),18 – 28(1990b). doi:10. 1145/77626. 77627.

Faulkner,D. R. ,Jackson,C. A. L. ,Lunn,R. J. ,Schlische,R. W. ,Shipton,Z. K. ,Wibberley,C. A. J. ,Withjack, M. O. :A review of recent developments concerning the structure,mechanics and fluid flow properties of fault zones. J. Struct. Geol. 32(11),1557 – 1575(2010). doi:10. 1016/j. jsg. 2010. 06. 009.

Fredd,C. N. ,McConnell,S. B. ,Boney,C. L. ,England,K. W. :Experimental study of fracture conductivity for water – fracturing and conventional fracturing applications. SPE J. 6(3),288 – 298(2001). doi:10. 2118/74138 – PA.

Grabowski,J. W. , Vinsome, P. K. , Lin, R. , Behie, G. A. , Rubin, B. :A fully implicit general purpose finite – difference thermal model for in situ combustion and steam,SPE 8396. Paper presented at the SPE Annual Technical Conference and Exhibition,Las Vegas,Nevada(1979). doi:10. 2118/8396 – MS.

Holmgren,M. :XSteam:water and steam properties according to IAPWS IF – 97. \\www. xeng. com(2007).

Jaeger,J. C. , Cook, N. G. W. , Zimmerman, R. W. :Fundamentals of Rock Mechanics,4th edn. Blackwell Pub, Malden(2007).

Karimi – Fard,M. ,Durlofsky,L. J. ,Aziz,K. :An efficient discrete – fracture model applicable for general – purpose reservoir simulators. SPE J. 9(2),227 – 236(2004). doi:10. 2118/88812 – PA.

Kim, J. , Tchelepi, H. , Juanes, R. : Stability, accuracy, and efficiency of sequential methods for coupled flow and geomechanics. SPE J. 16(2), 249 - 262(2011). doi: 10. 2118/119084 - PA.

Kohl, T. , Mégel, T. : Predictive modeling of reservoir response to hydraulic stimulations at the European EGS site Soultz - sous - Forêts. Int. J. Rock Mech. Min. Sci. 44 (8), 1118 - 1131 (2007). doi: 10. 1016/ j. ijrmms. 2007. 07. 022.

Lapusta, N. (2001), Elastodynamic analysis of sliding with rate and state friction, PhD thesis, Harvard University

Lawson, C. L. , Hanson, R. J. , Kincaid, D. , Krogh, F. T. : Basic Linear Algebra Subprograms for FORTRAN usage. ACM Trans. Math. Softw. 5(3), 308 - 323(1979). doi: 10. 1145/ 355841. 355847.

Liu, E. : Effects of fracture aperture and roughness on hydraulic and mechanical properties of rocks: implication of seismic characterization of fractured reservoirs. J. Geophys. Eng. 2(1), 38 - 47(2005). doi: 10. 1088/1742 - 2132/2/1/006.

McClure, M. W. : Modeling and Characterization of Hydraulic Stimulation and Induced Seismicity in Geothermal and Shale Gas Reservoirs. Stanford University, Stanford, California(2012).

McGarr, A. , Simpson, D. , Seeber, L. : 40. Case histories of induced and triggered seismicity. In: Lee, W. H. K. , Kanamori, H. (eds.) International Geophysics, pp. 647 - 661, Academic Press(2002).

Morris, J. P. , Blair, S. C. : Efficient Displacement Discontinuity Method using fast multipole techniques. Paper presented at the 4th North American Rock Mechanics Symposium, Seattle, WA (2000), \ \ http:// www. osti. gov/energycitations/servlets/purl/791449 - ZAgLs5/native/.

Olson, J. E. : Predicting fracture swarms - the influence of subcritical crack growth and the cracktip process zone on joint spacing in rock. Geol. Soc. , London, Spec. Publ. 231 (1), 73 - 88 (2004). doi: 10. 1144/GSL. SP. 2004. 231. 01. 05.

Rahman, M. K. , Hossain, M. M. , Rahman, S. S. : A shear - dilation - based model for evaluation of hydraulically stimulated naturally fractured reservoirs. Int. J. Numer. Anal. Meth. Geomech. 26(5), 469 - 497(2002). doi: 10. 1002/nag. 208.

Rice, J. R. : Spatio - temporal complexity of slip on a fault. J. Geophys. Res. 98(B6), 9885 - 9907(1993). doi: 10. 1029/93JB00191.

Rjasanow, S. , Steinbach, O. : The Fast Solution of Boundary Integral Equations, 1st edn. Springer, New York (2007).

Sausse, J. , Dezayes, C. , Genter, A. , Bisset, A. : Characterization of fracture connectivity and fluid flow pathways derived from geological interpretation and 3D modelling of the deep seated EGS reservoir of Soultz(France). Paper presented at the Thirty - Third Workshop on Geothermal Reservoir Engineering, Stanford University (2008), \\https://pangea. stanford. edu/ ERE/db/IGAstandard/record_detail. php? id = 5270.

Schultz, R. A. : Stress intensity factors for curved cracks obtained with the Displacement Discontinuity Method. Int. J. Fract. 37(2), R31 - R34(1988). doi: 10. 1007/BF00041718.

Segall, P. : Earthquake and Volcano Deformation. Princeton University Press, Princeton(2010).

Shou,K. J. ,Crouch,S. L. :A higher order Displacement Discontinuity Method for analysis of crack problems. Int. J. Rock Mech. Min. Sci. Geomech. Abstr. 32(1) ,49 – 55(1995). doi:10. 1016/0148 – 9062(94)00016 – V.

Teufel,L. W. ,Clark,J. A. :Hydraulic fracture propagation in layered rock:experimental studies of fracture containment. SPE J. 24(1) ,19 – 32(1984). doi:10. 2118/9878 – PA.

Warpinski,N. R. ,Schmidt,R. A. ,Northrop,D. A. :In – situ stresses:the predominant influence on hydraulic fracture containment. J. Petrol. Technol. 34(3) ,653 – 664(1982). doi:10. 2118/8932 – PA.

Wibberley,C. A. J. , Yielding, G. , Toro, G. D. : Recent advances in the understanding of fault zone internal structure:a review. Geol. Soc. ,London,Spec. Publ. 299(1) ,5 – 33(2008). doi:10. 1144/SP299. 2.

Willis – Richards, J. , Watanabe, K. , Takahashi, H. : Progress toward a stochastic rock mechanics model of engineeredgeothermal systems. J. Geophys. Res. 101(B8) ,17481 – 17496(1996). doi:10. 1029/96JB00882.

# 3　结　　果

采用四个不同模型进行了一系列数值模拟:模型 A、模型 B、模型 C 和模型 D。设计上述模拟主要用于测试模拟器的准确性、收敛性和运算效率,并测试不同模拟条件下的结果。另外,还开展了相应测试,以评价采用层次矩阵分解的 Hmmvp 程序的准确性和求解规模。3.1 节详细描述了数值模拟设置的一些细节,3.2 节至 3.5 节给出了其他的模拟细节和模拟结果。所有的数值模拟均在双四核(八核)Nehalem CPU(工作频率 2.27GHz,内存 24GB)的单处理器上进行的,该处理器是斯坦福大学计算地球和环境科学中心运营的 CEES – Cluster 计算机集群的一部分。

## 3.1　模拟和离散化细节

所有模型的离散化设置见表 3.1,模型 A1 ~ A4 以及模型 D1 采用恒定单元尺寸进行离散化处理,而模型 A5、模型 B、模型 C 和模型 D2 则采用可变单元尺寸进行离散化处理。

表 3.1　离散化设置

| 模型 | 总单元数 | $a_{const}$(m) | $l_c$(m) | $l_f$ | $l_s$ | $l_o$ | $a_{min}$(m) |
|---|---|---|---|---|---|---|---|
| A1 | 12 | 2.5 | 无穷大 | 0 | 0 | 0 | — |
| A2 | 60 | 0.5 | 无穷大 | 0 | 0 | 0 | — |
| A3 | 300 | 0.1 | 无穷大 | 0 | 0 | 0 | — |
| A4 | 1500 | 0.02 | 无穷大 | 0 | 0 | 0 | — |
| A5 | 48 | 1 | 0.3 | 0.3 | 0.4 | 2 | 0.2 |
| B | 52748 | 5 | 0.3 | 0.3 | 0.4 | 2 | 0.2 |
| C | 22912 | 5 | 0.3 | 0.3 | 0.4 | 2 | 0.2 |
| D1 | 40 | 2.5 | 无穷大 | 0 | 0 | 0 | — |
| D2 | 308 | 2.5 | 无穷大 | 0 | 0.3 | 2 | 0.1 |

用模型 A 进行的模拟被标记为 A[X]—S[Y],其中 A[X]从 A1 到 A5,S[Y]从 S0 到 S12。其中[X]代表离散化,[Y]表示使用的特定设置。用模型 B 进行的模拟被标记为 B1—B9(使用相同的离散化),用模型 C 进行的单次模拟称为 C1。模型 D 进行的模拟被标记为 D[X]—DS[Y],其中 D[X]可能是 D1 或 D2(反映不同的离散化处理),DS[Y]可能是 DS1 或 DS2(反映不同的具体设置)。

表 3.2 给出了所有模拟中相同的基准设置。对于每组模拟(模型 A、模型 B、模型 C 和

模型 D)定义了具体的基准设置(表 3.3)。据表 3.4 和表 3.5,特定的模型 A 和模型 B 的模拟设置有所不同。DS1 和 DS2,除 DS2 采用了应变罚函数法以外,其他设置完全相同。

表 3.2　所有模拟的基准设置

| $h$ | 100m |
|---|---|
| $G$ | 15GPa |
| $v$ | 0.25m/s |
| $\eta$ | 3MPa/(m/s) |
| $\mu_f$ | 0.6 |
| $\sigma_{n,Eref}$ | 20MPa |
| $\sigma_{n,eref}$ | 20MPa |
| $\varphi_{Edil}$ | 0° |
| $\varphi_{edil}$ | 2.5° |
| $T_{hf,frac}$ | $10^{-9}m^2$ |
| $K_{I,crit}$(2.5.2 节) | $1MPa \cdot m^{0.5}$ |
| $K_{I,crithf}$(2.5.2 节) | $1MPa \cdot m^{0.5}$ |
| $cstress$(2.3.3 节) | 关闭 |
| 裂缝尖端调整(2.5.2 节) | 关闭 |
| BEM 法(2.5.1 节) | Hmmvp |
| $\varepsilon_{tol}$[使用 Hmmvp 法,式(3.4)] | $10^{-6}$ |
| 传质能力更新 | 隐式 |
| 摩擦力(2.5.3 节) | 恒定(无动态弱化) |
| 自适应域调整(2.5.5 节) | 不启用 |

表 3.3　各模型的具体基准设置

| 参数 | 模型 A | 模型 B | 模型 C | 模型 D |
|---|---|---|---|---|
| $S_0$ | 0MPa | 0.5MPa | 0.5MPa | 0.5MPa |
| $S_{0,open}$ | 0MPa | 0.5MPa | 0.5MPa | 0.5MPa |
| $E_0$ | 0.1mm | 0.8mm | 0.5mm | 0.5mm |
| $e_0$ | 0.02mm | 0.03mm | 0.06mm | 0.02mm |
| $p_{init}$ | 18MPa | 30MPa | 35MPa | 40MPa |
| $\sigma_{yy}$ | 26MPa | 75MPa | 75MPa | 55MPa |
| $\sigma_{xx}$ | 21MPa | 50MPa | 50MPa | 50MPa |

续表

| 参数 | 模型 A | 模型 B | 模型 C | 模型 D |
|---|---|---|---|---|
| $\sigma_{xy}$ | 0MPa | 0MPa | 0MPa | 10MPa |
| 模拟时长 | 直到所有区域的 $p = p_{inj}$ | 2h | 2h | 直到所有区域 $p = p_{inj}$ |
| $p_{injmax}$ | 20.25MPa | 70MPa | 70MPa | 60MPa |
| $q_{injmax}$ | 无 | 50kg/s | 50kg/s | 100kg/s |
| $\eta_{targ}$ | 0.05MPa | 0.5MPa | 0.5MPa | 0.05MPa |
| $D_{e,eff,max}$ | 10mm | 5mm | 5mm | 5mm |
| $K_{hf}$ | 不启用 | 0.01MPa$^{-1}$ | 0.01MPa$^{-1}$ | 不启用 |
| *mechtol*(2.3.5 节) | 0.0003MPa | 0.003MPa | 0.003MPa | 0.003MPa |
| *itertol*(2.3.1 节) | 0.001MPa | 0.01MPa | 0.01MPa | 0.01MPa |
| 拟三维调整(2.3.2 节) | 不启用 | 启用 | 启用 | 启用 |
| 产生新裂缝(2.3.8 节) | 不允许 | 不允许 | 允许 | 不允许 |
| 应变罚函数(2.5.6 节) | 不启用 | 不启用 | 不启用 | 启用，$\varepsilon_{n,lim}$ 和 $\varepsilon_{s,lim}$ 等于 0.001 |

**表 3.4　模拟 S0 ~ S12 基准设置差异**

| | |
|---|---|
| S0 | 直接 BEM 法(不采用 Hmmvp)(2.5.1 节) |
| S1 | $\eta_{targ} = 0.00125$MPa(2.3.9 节) |
| S2 | $\eta_{targ} = 0.0125$MPa(2.3.9 节) |
| S3 | |
| S4 | $\eta_{targ} = 0.5$MPa(2.3.9 节) |
| S5 | $\eta_{targ} = 4$MPa(2.3.9 节) |
| S6 | 直接求解(3.2.1 节)，*mechtol* = 0.0001(2.3.5 节)，*itertol* = 0.0002(2.3.1 节) |
| S7 | 直接求解(3.2.1 节)，采用直接 BEM 法(不采用 Hmmvp)(2.5.1 节)，*mechtol* = 0.0001(2.3.5 节)，*itertol* = 0.0002(2.3.1 节) |
| S8 | $E_0 = 0.01$mm(2.1 节) |
| S9 | cstress 选项(2.3.3 节)，$E_0 = 0.01$mm(2.1 节) |
| S10 | cstress 选项(2.3.3 节)，$E_0 = 0.1$mm(2.1 节) |
| S11 | cstress 选项(2.3.3 节)，$E_0 = 1$mm(2.1 节) |
| S12 | cstress 选项(2.3.3 节)，$E_0 = 10$mm(2.1 节) |

**表 3.5　模拟 B1 ~ B9 基准设置差异**

| | |
|---|---|
| B1 | $\eta_{targ} = 0.05$ |
| B2 | $\eta_{targ} = 0.2$ |
| B3 | |
| B4 | $\eta_{targ} = 4.0$ |

| B5 | 自适应域调整(2.5.5 节) |
|---|---|
| B6 | 动态摩擦弱化, $\mu_d = 0.5$(2.5.3 节) |
| B7 | 无应力传递 |
| B8 | *cstress*,显式导水能力更新(2.3.3 节) |
| B9 | 同 B8,且启用自适应域调整(2.3.3 节和2.5.5 节) |

## 3.2 模型 A:小型测试

利用一个小型测试(模型 A,图 3.1)来验证算法准确性和收敛性,并对不同的数值设置进行了实验。模型 A 设计的目的是模拟倾斜滑移裂缝、预先存在的裂缝张开的情况(例如露头,Segall et al.,1983;Mutlu et al.,2008)。

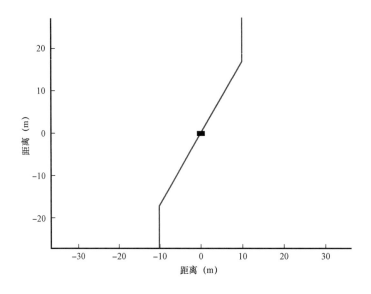

图 3.1 模型 A,蓝线表示预先存在的裂缝,黑线表示井筒

在裂缝中心位置,以恒定压力注入流体,直到整个模型各处的流体压力与注入压力相等,且初始流体压力足够低,使得裂缝一开始未发生张开或滑移。

为了测试 Shou 和 Crouch(1995)提出的位移不连续法模型的准确性和收敛性,将最终的位移分布与现有代码 COMP2DD(Mutlu et al.,2008)结果进行了对比,后者是 Crouch 和 Starfield(1983)提出的位移不连续法的实现。除此之外,目前没有其他可用的代码进行比较,来测试时间依赖性部分的准确性。通过对时间步和空间网格加密,并对比加密至最密的计算结果,对具有时间依赖性结果的收敛性进行了测试。

COMP2DD 可计算给定远场应力和流体压力条件下的裂缝张开和滑移。与本书所描述的模型不同的是,COMP2DD并不设置时间步,而是一步完成计算。在COMP2DD中,假设流体压力恒定,等于用户设定值。而在本书模型中,流体压力随时间和空间的变化而变化。为了用本书的模型来模拟COMP2DD,模拟时保持恒定压力注入,直到每个单元的流体压力都等于COMP2DD计算时设定的流体压力。由于最终的流体压力是相同的,只要模型的结果与路径无关,最终位移应该也是相同的。

模型的计算结果不一定与路径无关,但在本书用于代码比较的这一特定问题中,路径依赖性似乎并未产生影响,因为正如本书接下来将要展示的那样,COMP2DD的求解结果与本书模型的结果完全相同。因为假设的是弹性变形,所以裂缝张开和滑移产生的应力与路径无关。但是,滑移量的确定并不是路径无关的,这是因为克服摩擦,发生滑移是一个不可逆过程:如果裂缝上的摩阻降低,裂缝将滑移;但摩擦力恢复后,裂缝并不会恢复到其初始位置。

因为单元状态可以是开启、滑移或静止的,所以COMP2DD无法提前知晓应施加何种边界条件(进一步的讨论见2.3.7节)。COMP2DD采用线性互补算法来处理这个问题,Mutlu和Pollard(2008)证明了互补法相对于施加惩罚因子或拉格朗日乘子在效率和准确性上的优势。

总共进行了18次模拟,根据离散化(A1~A5)和模拟设置(S0~S12)对各次模拟进行了命名,分别为A1—S3、A2—S3、A3—S3、A4—S3、A5—S3、A4—S0、A5—S1、A5—S2、A5—S3、A5—S4、A5—S5、A4—S6、A4—S7、A3—S8、A3—S9、A3—S10、A3—S11和A3—S12。

模拟采用的基准设置见3.1节。表3.4给出了各模拟的具体设置情况,如果未在表3.4内明确说明,则该模拟中使用的设置与表3.2和表3.3给出的基准设置相同。模型A1~A4均采用恒定的单元大小,且网格逐渐加密。模型A5进行非均匀离散,其单元总数略低于模型A2(3.1节)。

模型A4采用COMP2DD法进行了求解,模型A4的网格划分最细(3.1节)。COMP2DD(Crouch et al.,1983)所采用的恒定位移法,相比模拟器使用的二次法(Shou et al.)的阶数更低,因此对于同样的离散化,COMP2DD的准确性应较低。但是,模拟器的准确度受迭代求解器使用的收敛准则的限制(2.3.1节、2.3.4节和2.3.5节),因此,不应将COMP2DD视为"精确解",因为其结果的准确度级别可能与模型最精确的结果相当。为了验证模型的准确度,只需证明随着离散网格加密,模型的计算结果与COMP2DD结果非常相近即可。

将COMP2DD计算结果与模拟A1—S3、A2—S3、A3—S3、A4—S3和A5—S3的结果进行了比较,本次模拟以及COMP2DD计算所得的最终裂缝张开位移和滑移分布如图3.2和图3.3所示。

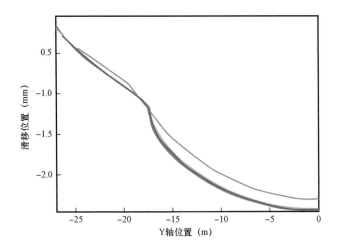

图 3.2　COMP2DD(黑)、A1—S3(蓝)、A2—S3(绿)、A3—S3(蓝绿)、A4—S3(褐红)
和 A5—S3(红)沿模型 A 最终滑移位移分布

COMP2DD 和 A4—S3 曲线重合

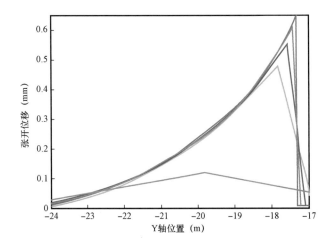

图 3.3　COMP2DD(黑)、A1—S3(蓝)、A2—S3(绿)、A3—S3(蓝绿)、A4—S3(褐红)和
A5—S3(红)沿模型 A 最终张开位移分布

COMP2DD 和 A4—S3 曲线重合

　　通过计算裂缝上不同点处的最终张开位移和滑移值,比较了 COMP2DD 计算结果和模型计算结果的相对偏差 $e_j$,在离散化过程中,比较点位于离散网格各单元中心。在对结果进行比较时,因为 COMP2DD 的解并不是精确解,所以采用"相对偏差"这一术语,而不是"误差"。由于 A5 采用非均匀离散化,所以 COMP2DD 解对应单元中心(采用的是 A4 离散化处理)和 A5 离散化的单元中心不重合。为了与 A5 的解进行比较,将 COMP2DD 的值线性插

值到 A4 网格中。相对偏差按下式计算：

$$e_j = \sqrt{\sum_i^{N_i} \left[ \left( \left( \left( D_i^0 - D_i^j \right) / \left| D^0 \right|_{max} \right)^2 + \left( \left( E_i^0 - E_i^j \right) / \left| E^0 \right|_{max} \right)^2 \right) / (2N_j) \right]} \quad (3.1)$$

式中　$j$——指进行比较的特定结果（A1—S1 ~ A5—S1）；

　　　$i$——离散网格中的特定节点；

　　　上标$^0$——COMP2DD 的解（在 A5—S1 情况下，需插值到网格 $j$）；

　　　$N_j$——网格 $j$ 中的总单元数；

　　　$D$——剪切位移，mm；

　　　$E$——张开位移，mm；

　　　$\left| D^0 \right|_{max}$ 和 $\left| E^0 \right|_{max}$——COMP2DD 的解中 $D$ 和 $E$ 的最大绝对值，张开位移最大绝对值
　　　　　　　　　约为 0.65mm，滑移位移最大绝对值约为 2.45mm，用于将结果
　　　　　　　　　归一化。

A4—S0、A1—S3、A2—S3、A3—S3、A4—S3 和 A5—S3 的相对偏差和计算时间如图 3.4
所示。

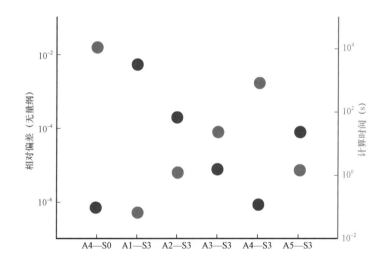

图 3.4　模拟案例的计算时间（红）和相对偏差（蓝）

图 3.4 中显示模拟案例 A4—S0、A1—S3、A2—S3、A3—S3、A4—S3 和 A5—S3 的

计算时间（红）和与 COMP2DD 结果的相对偏差（蓝）

根据最终裂缝变形，按式（3.1）计算相对偏差，并按参考值进行归一化处理

为了明确空间离散化对时间依赖结果准确性的影响，比较了不同空间离散条件下流量
随时间的变化（采用相同的时间离散因子 $\eta_{targ}$），图 3.5 为模拟 A1—S3、A2—S3、A3—S3、
A4—S3 和 A5—S3 的注入流量与时间对比图。

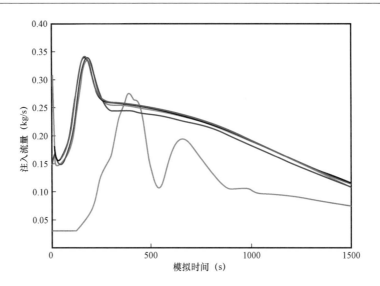

图 3.5 模拟 A1—S3(褐红)、A2—S3(蓝)、A3—S3(红)、A4—S3(黑)和
A5—S3(绿)的注入流量随时间变化关系

通过将不同的结果与网格最密的 A4—S3 模拟结果进行对比,可计算不同离散条件下的相对偏差。在模拟的前 5000s 内,将流量值插值到 1s 间隔的时间离散网格中。流量的相对偏差计算如下:

$$e_j = \sqrt{\frac{1}{N} \sum_i^N (Q_i^0 - Q_i^j)^2} \qquad (3.2)$$

式中　上标$^0$——模拟 A4—S3;

　　　$Q$——注入流量,kg/s;

　　　$N$——时间上对 $Q$ 进行数据采样的 5000 个点,相对误差和计算时间如图 3.6 所示。

为了明确时间离散化的影响,在模型 A5 上采用模拟设置 S1—S5,除了 $\eta_{targ}$ 的值不同外,这些模拟案例其他条件均相同。将这些模拟的流量随时间变化关系与模拟 A5—S1($\eta_{targ}$ 最小)结果相对比,计算相对误差。因为模型 A5 在空间上仅进行了中等程度加密,因此,无论时间离散如何调整,所有的解均存在一定误差。不同模拟中注入流量随时间变化关系如图 3.7 所示,不同模拟的相对误差(与 A5—S1 相比)和计算时间如图 3.8 所示。

### 3.2.1 直接求解最终形变

通过修改模型,可以直接一步求解最终的裂缝位移(如 COMP2DD),而无须使用时间步。如果计算的目的是确定最终位移场,中间位移不在研究目标之中时,这一做法可能是有效的。因为本书模型并不是为了这样的研究而设计的,因此必须采用数个非常规设置。为了使流体压力在裂缝变形时保持不变,所用的流体可压缩性变得非常大(实际作用上,等效

于无穷大),传质能力设为零。对流体流动和正应力子循环的收敛准则进行修改,使其仅受应力方程的残差影响,而不取决于质量平衡方程。最后,将辐射阻尼系数 $\eta$ 设置为零。在这些设置之下,采用一个时间步即可求解问题(时间步的长短对求解没有影响),得到与 COMP2DD 相同的解。

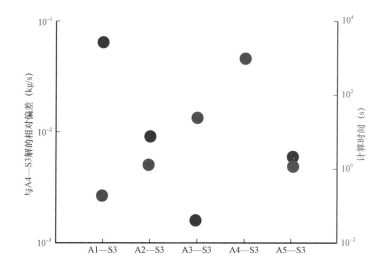

图 3.6　模拟案例的计算时间(红)和相对偏差(蓝)

图 3.6 中显示模拟 A1—S3、A2—S3、A3—S3、A4—S3 和 A5—S3 的计算时间(红)和

流量随时间变化关系的相对偏差(蓝)

根据注入流量随时间变化情况,按式(3.2)计算相对偏差

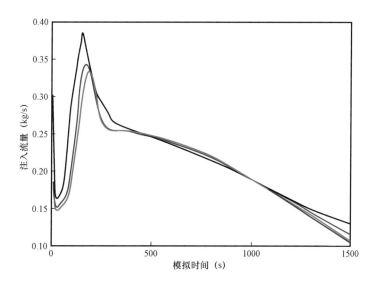

图 3.7　A5—S1(褐红)、A5—S2(蓝)、A5—S3(绿)、A5—S4(红)和

A5—S5(黑)的注入流量随时间关系

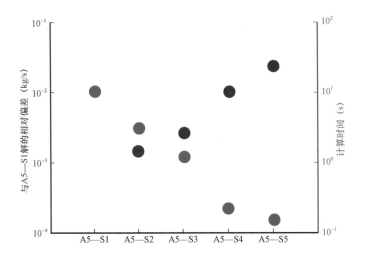

图 3.8 模拟 A5—(S1~S5)的计算时间(红),流量随时间关系相对于 A5—S1 结果
的相对偏差(蓝)

根据注入流量与时间的关系,按式(3.2)计算相对偏差

采用 A4 离散化设置和直接求解法进行了 2 次模拟,分别为 S6 和 S7。S6 采用 Hmmvp 法进行近似矩阵乘法,而 S7 则直接采用边界元法(2.5.1 节)。对比结果如图 3.9 所示,在 COMP2DD 中实现了二种不同的互补算法,分别为 Lemke 法(Ravindran,1972)和 SOCCP (Hayashi et al.,2005)。

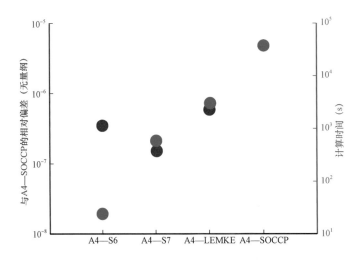

图 3.9 模拟案例的计算时间(红)和相对偏差(蓝)

图 3.9 中显示模拟 A4—S6、A4—S7 和 A4—LEMKE 的计算时间(红)和流量随时间变化关系相对于
A4—SOCCP 结果的相对偏差(蓝)以及 A4—SOCCP 的计算时间
根据最终裂缝变形,按式(3.1)计算相对偏差,并用参考值进行归一化处理

### 3.2.2 cstress 选项测试效果

启用 cstress 选项(2.3.3 节),进行 A3—S9、A3—S10、A3—S11 和 A3—S12 模拟。在模拟 S9—S12 中,使用不同的 $E_0$ 值。将采用模拟设置 S9—S12 的模拟结果与模拟 A3—S8 相比,后者除了没有启用 cstress 选项外,其他与 A3—S9 完全相同。

当激活 cstress 选项后,由闭合裂缝法向变形产生的应力不会被忽略。在相同的流体压力扰动下,$E_0$ 越大,裂缝容纳的流体体积更大,经历的法向变形越大(产生更高的应力),模拟所得的最终位移如图 3.10 和图 3.11 所示。

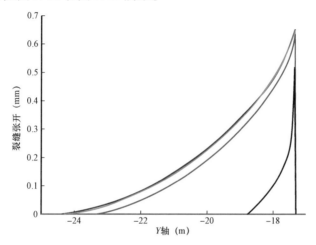

图 3.10 模拟 A3—S8(蓝)、A3—S9(绿)、A3—S10(红)、A3—S11(黑)和 A3—S12(褐红)
沿模型 A 截面的最终张开位移分布
模型 A3—S8 和 A3—S9 曲线重合

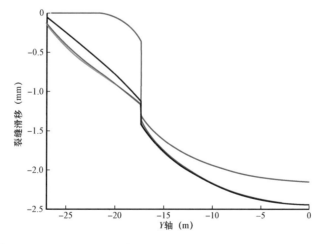

图 3.11 模拟 A3—S8(蓝)、A3—S9(绿)、A3—S10(红)、A3—S11(黑)和 A3—S12(褐红)
沿模型 A 截面的最终滑移位移分布
模型 A3—S8 和 A3—S9 曲线重合

## 3.3 模型 B 和模型 C:大型测试

在大型裂缝网络(模型 B 和模型 C)上进行了数次模拟,设计模型 B 主要用于模拟剪切性压裂改造,在剪切性压裂改造中,流体注入通过使原有裂缝发生滑移而提高传质能力(Pine et al.,1984;Evans,2005;Cladouhos et al.,2011;McClure,2012 的 3.1.1 节)。模型 C 的设计是为了研究混合模式裂缝扩展,此时流体注入会导致原有裂缝的剪切和张开,以及新张开裂缝的扩展[(McClure,2012)的 3.1.1 节]。模型 B 和模型 C 的离散化设置见 3.1 节,模型 B 和模型 C 如图 1.1 和图 2.4 所示。

在模型 B 和模型 C 的模拟中,以恒定流量注入流体 2h,2h 后停止模拟,停注后流体压力的重新分布不在模拟范围内。

在模型 B 模拟中,流体压力超过了最小主应力,这种情况本应导致新张性裂缝的扩展。但是,因为在裂缝网络中并未设定"可以形成裂缝",因此新的裂缝无法形成。从本研究的目的来看,这一理想的模型设置是可行的,因为本书的模拟工作只是为了测试数值模拟器的准确性和收敛性。尽管没有任何新裂缝的扩展,但原有裂缝在模拟过程中可实现张开。

### 3.3.1 模型 B:剪切性压裂改造的大型测试

用模型 B 进行了 9 次模拟,分别记为 B1~B9。同时,模型 C 进行了一次模拟,记为 C1。开展这些模拟的目的在于测试模拟方案对模型结果和效率的影响。

所有模拟的基准设置见表 3.3。表 3.4 列出了所有模型 B 模拟的基准设置,表 3.5 总结了 B1~B9 各模拟与基准设置的偏差。

模拟 B1~B4 的目的是测试不同 $\eta_{targ}$ 值的模拟效率和准确性,该参数会影响模拟中使用的时间步数(2.3.9 节)。图 3.12 和图 3.13 展示了模拟 B1 和 B4 的最终剪切位移(与颜色成正比)和张开位移(与厚度成正比,但比例有所夸大),这两个模拟分别具有最多和最少的时间步数。文中没有给出模拟案例 B2 和 B3 的裂缝张开位移和滑移位移分布,因为它们在视觉上与图 3.12 完全相同。

模型 B1 与模型 B2~B5、B8 和 B9 间的滑移位移相对偏差如图 3.14 所示。模型 B5 采用与 B3 相同的 $\eta_{targ}$ 值,但另采用了自适应域调整(2.5.5 节)。模型 B8 和 B9 启用了 cstress 选项(2.3.3 节),同时模型 B9 也采用了自适应域调整。滑移位移的相对偏差计算如下:

$$e_j = \sqrt{\frac{1}{M}\sum_i^M (D_i^0 - D_i^j)^2} \tag{3.3}$$

式中　$D$——滑移位移,mm;

　　　$0$——模拟 B1 的结果;

　　　$i$——某一特定单元;

*j*——某一次特定的模拟；

$\left| D^0 \right|_{avg}$——缩放位移,mm;

*M*——对比点的数量。对比点是模拟 B1 中滑移位移大小超过 1.0mm 的单元,对比
点处位移平均绝对值为 2.27cm。

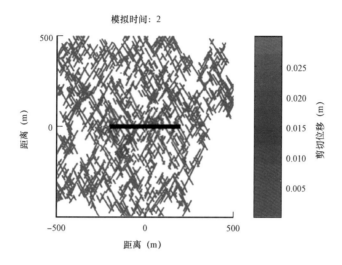

图 3.12　模拟 B1(厚度和张开位移成正比)的最终裂缝剪切位移和张开位移

B1 的时间步数最多

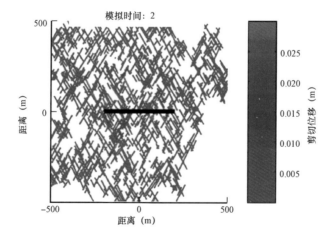

图 3.13　模拟 B4(厚度和张开位移成正比)的最终裂缝剪切位移和张开位移

B4 的时间步数最少

　　模型 B6 采用了动态摩擦弱化(2.5.3 节),模型 B7 忽略了所有的应力传递——允许单
元因为流体压力的变化而发生变形,但不对单元变形引起的周边单元应力变化进行更新
(2.5.7 节)。模型 B8 启用了 cstress 选项(2.3.3 节)。模型 B9 启用了 cstress 选项以及自适

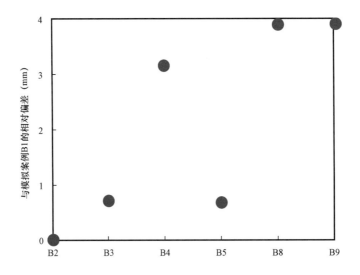

图 3.14 与模拟 B1 相比,模拟 B2~B5、B8 和 B9 的滑移位移相对偏差

相对偏差按式 3.3 计算

应域调整(2.3.3 节和 2.5.5 节)。

模型 B6~B8 的最终裂缝滑移和张开度分布如图 3.15 至图 3.17 所示,文中未展示模型 B9 的裂缝滑移和张开度情况,因为其视觉上看与模型 B8 的裂缝滑移和张开位移分布图完全相同(图 3.17)。

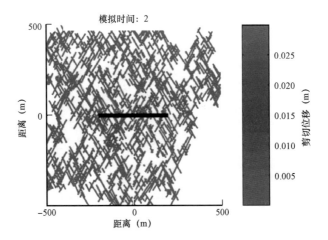

图 3.15 模拟 B6(采用动态摩擦弱化)的最终裂缝剪切位移和张开位移(厚度与张开位移成比例)

在模拟 B6 中,动态摩擦弱化导致了地震事件的发生。根据定义,只要模型中滑移最快的单元的滑移速度超过一定阈值(5mm/s),即认为发生了地震事件。同样,定义当模型中滑移最快的单元的滑移速度低于 5mm/s 表示地震事件结束。模拟器对每次地震事件中,滑移速度超过 5mm/s 条件下的总累计滑移位移 $D_{cum}$ 进行了追踪记录。在地震事件结束后,计

算出该事件的地震矩 $M_0$（Hanks 和 Kanamori，1979）

$$M_0 = G \int D_{cum} dA \qquad (3.4)$$

式中　$A$——裂缝面面积，$m^2$。

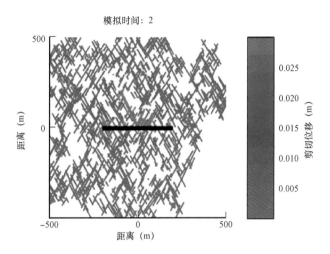

图 3.16　模拟案例 B7（忽略裂缝单元变形产生的应力）的最终裂缝剪切位移和
张开位移（厚度与张开位移成比例）

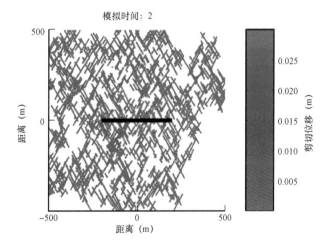

图 3.17　模拟 B8（启用 cstress 选项）的最终裂缝剪切位移和张开位移（厚度与张开位移成比例）

根据 Hanks 和 Kanamori（1979）的研究，地震矩与矩震级 $M_w$ 满足如下关系：

$$M_w = \frac{\log_{10} M_0}{1.5} - 6.06 \qquad (3.5)$$

其中，$M_0$ 的单位为 N·m。

对于小型地震事件,事件时长一般为0.001~0.01s;对于大型地震事件,时长可达0.2s,图3.18为模拟B6中事件的震级与时间关系图。

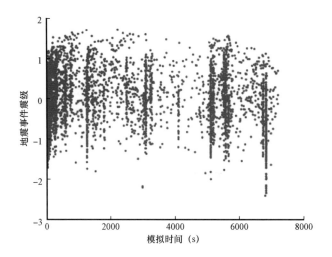

图3.18    模拟B6中地震事件震级与时间关系

震级按式3.5计算

模拟B6的震级—频率分布如图3.19所示,图中所示的变化趋势呈明显的非线性,因此本书认为其不符合Gutenberg—Richter震级频率分布。可能可通过调整参数,迫使震级—频率分布呈线性关系,但这会导致模型过度拟合,而不是一个有意义的模型结果。

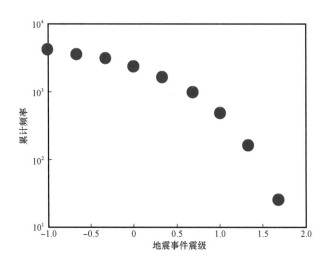

图3.19    模拟B6震级—频率分布

地震事件通常受限于单一裂缝,因此较大地震事件的震级—频率分布受裂缝尺寸分布的控制。最小地震事件发生在单个单元中,因此小型地震事件的震级—频率分布受控于单元尺寸分布。影响中间范围震级—频率分布因素包括少量裂缝滑移事件串联叠加构成较大型滑移事件的倾向以及大型滑移串联事件阻止裂缝扩展的倾向。

　　模拟 B6 中事件震源位置如图 3.20 所示,为了近似表现定位误差的影响,在距离实际震源中心半径 30m 范围内对震源进行重新定位。对于每个地震事件,震源被定义为滑移速度最先超过 5mm/s 的位置。

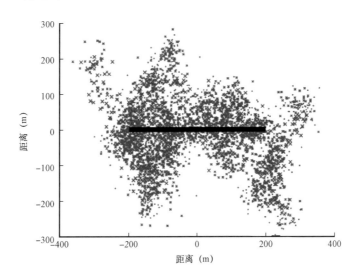

图 3.20　模拟 B6 地震事件震源(经调整以近似模拟定位误差影响)

震级越高,图中符号越大

　　模拟 B1～B9 的计算机总运行时间和总时间步数如图 3.21 所示,每个时间步计算机运行平均时间如图 3.22 所示。

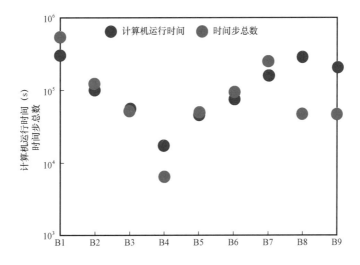

图 3.21　模拟 B1～B9 的计算机运行时间(蓝)和总时间步数(红)

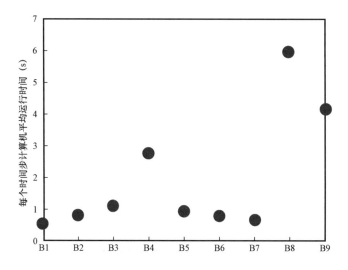

图 3.22 模拟 B1~B9 每个时间步计算机平均运行时间

模拟 B3、B5、B8 和 B9 中,计算总时间步和计算机运行时间关系对比如图 3.23 所示。模拟 B8 和 B9 启用了 cstress 选项,而模拟 B3 和 B5 没有启用该选项。B5 采用了自适应域调整,B3 和 B5 的其他模拟设置完全一致。B9 采用了自适应域调整,B8 和 B9 的其他模拟设置完全一致。

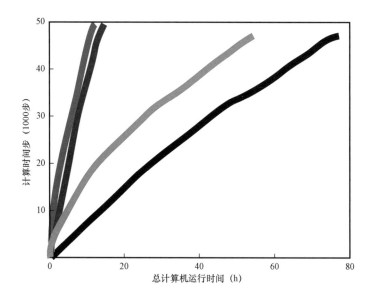

图 3.23 模拟 B3(蓝)、B5(红)、B8(黑)和 B9(绿)的总时间步与运行时间关系

模拟 B1~B4 中,注入压力随时间变化情况如图 3.24 所示。模拟 B6~B8 中,注入压力随时间变化情况如图 3.25 所示。在所有的模拟中,注入流量在整个模拟期间保持 50kg/s 不变(除了开始注入时的一小段时间)。

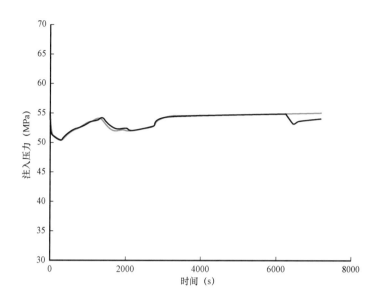

图 3.24　模拟 B1(蓝)、B2(红)、B3(绿)和 B4(黑)中注入压力与时间关系

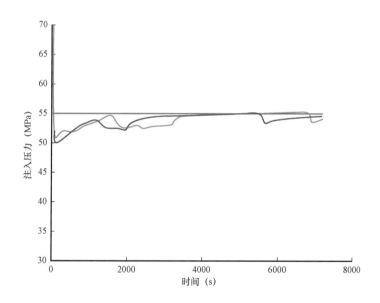

图 3.25　模拟 B6(蓝)、B7(红)、B8(绿)中注入压力与时间关系

### 3.3.2　模型 C:混合模式储层改造的大型测试

在模拟 C1 中,存在新开启裂缝的延伸(2.3.8 节),而模型 A、模型 B 和模型 D 均无新裂缝产生。图 2.4 为模型 C 中可能形成的裂缝和天然裂缝的模拟结果。模拟 C1 的设置见 3.1 节,模拟 C1 的最终传质能力和裂缝张开位移分布如图 3.26 所示,该模拟的计算机运行时间为 15992s(约 4h),包括 15574 个时间步。

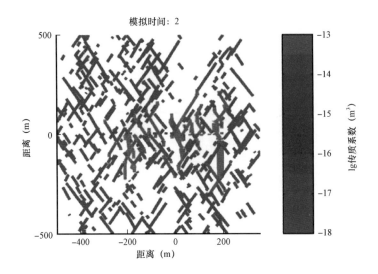

图 3.26　模拟 C1 最终传质能力和裂缝张开位移分布

厚度与张开位移成比例,但作图未按比例,井筒(图中未显示)位于( -200,0)到(200,0)之间

## 3.4　模型 D:应变罚函数方法测试

　　模型 D 进行了 4 次模拟,以测试 2.5.6 节中所述的应变罚函数方法。模拟采用了 2 种离散化处理,分别为 D1 和 D2(3.1 节),测试中使用了 2 种模拟设置,分别为 DS1 和 DS2(3.1 节)。DS2 采用了应变罚函数方法,而 DS1 没有采用该方法,这是两种模拟设置的唯一区别。离散网格 D1 较粗,而离散网格 D2 加密较细,特别是在裂缝交点处。

　　模拟 D1—DS1、D1—DS2、D2—DS1 和 D2—DS2 的最终剪切位移和张开位移分布如图 3.27 至图 3.30 所示。

## 3.5　层次矩阵分解

　　开展了各种测试来评价边界元法(BEM)的近似代码 Hmmvp(Bradley,2012)的准确性和压缩性。针对以下两种情况进行运算,即保持裂缝网络不变、网格持续加密和保持离散网格加密程度不变、增加裂缝网络尺寸,获得了单次矩阵乘法浮点运算数随问题规模变化关系曲线。单次矩阵乘法浮点运算数定义为在所有单元的法向和切向位移影响下,对模型中所有单元的正应力和剪应力进行更新所需要的加法和乘法运算次数。对于 $n$ 个单元,矩阵乘法直接运算一次需要 $8n^2$ 次浮点运算。单次矩阵乘法浮点运算数是衡量储存矩阵分解的相互作用系数所需内存的良好指标。

　　在 Hmmvp 中,规定相对误差 $\varepsilon_{tol}$ 为 $10^{-6}$,所以有:

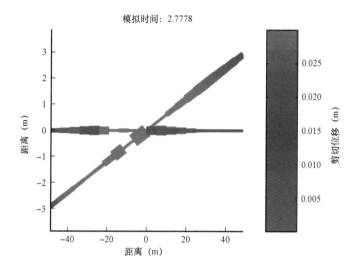

图 3.27　模拟 D1—DS1 中最终剪切位移和张开位移分布

厚度与张开位移成比例,但作图未按比例,注意 X 轴和 Y 轴的比例尺不同

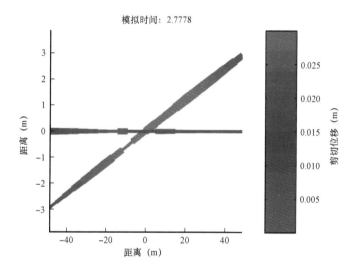

图 3.28　模拟 D1—DS2 中最终剪切位移和张开位移分布

厚度与张开位移成比例,但作图未按比例,注意 X 轴和 Y 轴的比例尺不同

$$\frac{\| B\Delta D - B_h\Delta D \|_2}{\| B \|_F \| \Delta D \|_2} \leqslant \varepsilon_{\text{tol}} \tag{3.6}$$

式中　$B$——相互作用系数的一个完整矩阵;

　　　$B_h$——Hmmvp 矩阵逼近(Bradley,2012);

　　　下标$_F$——矩阵的弗罗贝尼乌斯范数;

　　　下标$_2$——向量的欧几里得范数。

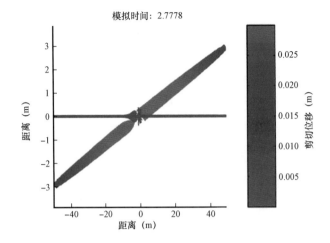

图 3.29　模拟 D2—DS1 中最终剪切位移和张开位移分布

厚度与张开位移成比例，但作图未按比例，注意 $X$ 轴和 $Y$ 轴的比例尺不同

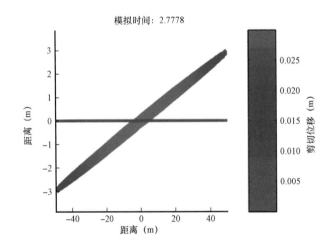

图 3.30　模拟 D2—DS2 中最终剪切位移和张开位移分布

厚度与张开位移成比例，但作图未按比例，注意 $X$ 轴和 $Y$ 轴的比例尺不同

　　弗罗贝尼乌斯范数和欧几里得范数分别定义为矩阵或向量中所有值的平方和的平方根。利用随机生成位移向量的不同裂缝网络进行测试，结果表明，相对误差 $e_{\text{hmat}}$ 从未超过 0.001：

$$e_{\text{hmat}} = \frac{\| B\Delta D - B_h \Delta D \|_2}{\| B\Delta D \|_2} \tag{3.7}$$

　　在保持裂缝网络不变，网格不断加密条件下的测试中，采用了图 3.31 所示裂缝网络。该裂缝网络包含 237 条裂缝，设定不同的 $l_s$、$l_o$、$l_f$、$l_c$ 和最小单元尺寸值，划分了不同的离散网格。各次离散化设置和对应单元总数见表 3.6。利用 Hmmvp,对每个离散网格进行分解,图 3.32 给出了采用 Hmmvp 法和直接乘法所对应的单次矩阵乘浮点运算数。

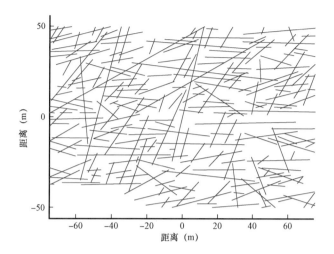

图 3.31　不同加密水平离散化处理对比所用的裂缝网络

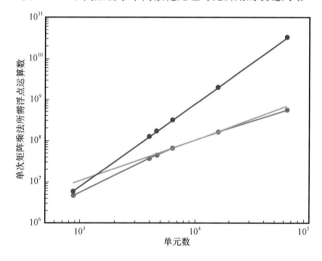

图 3.32　单次矩阵乘法浮点运算数对比(图 3.31)。

对图 3.31 所示裂缝网络在不同网格加密水平条件下单次矩阵乘法浮点运算数对比,

蓝线表示完整矩阵乘法,红线表示 Hmmvp 结果,绿线为线性阶复杂度参考线,斜率为 1

接着,在相同离散水平下,对不同尺寸裂缝网络进行运算规模对比。首先创建了一个包含 6000 条裂缝的大型裂缝网络,然后再使用该网络中的不同子集。完整裂缝网络如图 3.33 所示,其中用黑色矩形框表示用于比较的不同裂缝网络子集。按 $l_s = 0.4, l_o = 4.0$, $l_f = 0.7, l_c = 0.5\text{m}$ 和 $a_{\min} = 0.1\text{m}$ 的设置进行离散化,图 3.34 为对图 3.33 所示不同尺寸裂缝网络在同一网格加密水平下单次矩阵乘法浮点运算数对比。

表 3.6  图 3.32 所示离散化设置

| $N$ | $l_s$ | $l_o$ | $l_c(\text{m})$ | $l_f$ | $a_{\min}$ |
|---|---|---|---|---|---|
| 872 | 0 | 0 | 不定 | 0.7 | 0.40 |
| 3966 | 0 | 0.5 | 0.5 | 0.7 | 0.40 |
| 4646 | 0.1 | 2.0 | 0.5 | 0.7 | 0.40 |
| 6352 | 0.2 | 2.0 | 0.5 | 0.7 | 0.40 |
| 15872 | 0.4 | 4.0 | 0.5 | 0.7 | 0.10 |
| 64192 | 0.6 | 4.0 | 0.5 | 0.7 | 0.05 |

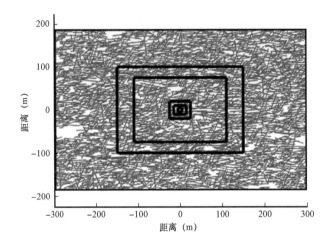

图 3.33  不同裂缝网络尺寸下矩阵逼近运算规模测试所用裂缝网络

黑框为各裂缝网络的边界

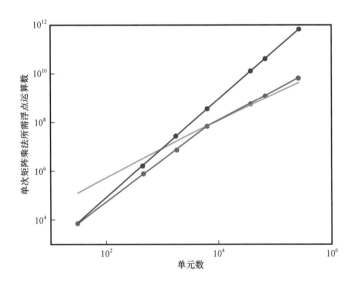

图 3.34  单次矩阵乘法浮点运算数对比。

蓝线表示完整矩阵乘法,红线表示 Hmmvp 法,绿线为线性对数阶算法复杂度[$n\lg(n)$]的参考线完成矩阵分解所需的时间不会影响模拟器的效率,因为分解只在模拟之前执行一次。但是,分解的效率必须足够高,以便其在一定时间内完成。图3.35展示了开展本节所述的矩阵分解所需要的时间。

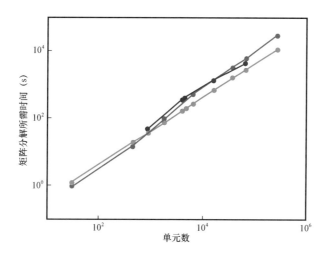

图3.35 Hmmvp法计算矩阵分解所需时间

红线表示图3.33所示不同尺寸裂缝网络的所需时间,蓝线表示

图3.31所示不同网格细化水平条件下的结果,绿线为线性阶复杂度参考线,斜率为1

## 参 考 文 献

Bradley, A. M.: H – matrix and block error tolerances, arXiv:1110.2807v2, (2012). source code available at http://www.stanford.edu/＊ambrad, paper available at http://arvix.org/abs/1110.2807.

Cladouhos, T. T., Clyne, M., Nichols, M., Petty, S., Osborn, W. L., Nofziger, L.: NewberryVolcano EGS demonstration stimulation modeling. Geoth. Res. Counc. Trans. 35, 317 – 322(2011).

Crouch, S. L., Starfield, A. M.: Boundary element methods in solid mechanics: with applications inrock mechanics and geological engineering, Allen and Unwin, London Boston(1983).

Evans, K. F.: Permeability creation and damage due to massive fluid injections into granite at3.5 km at Soultz: 2. Critical stress and fracture strength, J. Geophys. Res. 110(B4)(2005). doi:10.1029/2004JB003169.

Hanks, T. C., Kanamori, H.: A moment magnitude scale, J. Geophys. Res. 84(B5), 2348 – 2350(1979). doi: 10.1029/JB084iB05p02348.

Hayashi, S., Yamashita, N., Fukushima, M.: A combined smoothing and regularization method for monotone second – order cone complementarity problems. SIAM J. Optim. 15(2), 593 – 615(2005). doi:10.1137/S1052623403421516.

McClure, M. W.: Modeling and characterization of hydraulic stimulation and induced seismicity in geothermal and shale gas reservoirs. Stanford University, Stanford, California(2012).

Mutlu, O., Pollard, D. D.: On the patterns of wing cracks along an outcrop scale flaw: a numerical modeling approach using complementarity,J. Geophys. Res. 113(B6)(2008). doi:10. 1029/2007JB005284.

Pine,R. J. ,Batchelor,A. S. :Downward migration of shearing in jointed rock during hydraulic injections. Int. J. Rock Mech. Min. Sci. Geomech. Abstr. 21(5),249 – 263(1984). doi:10. 1016/ 0148 – 9062(84)92681 – 0.

Ravindran,A. :Algorithm 431:a computer routine for quadratic and linear programming problems [H]. Commun. ACM 15(9),818 – 820(1972). doi:10. 1145/361573. 1015087.

Segall,P. ,Pollard,D. D. :Nucleation and growth of strike slip faults in granite,J. Geophys. Res. 88(B1),555 – 568(1983). doi:10. 1029/JB088iB01p00555.

Shou,K. J. ,Crouch,S. L. :A higher order Displacement Discontinuity Method for analysis of crack problems. Int. J. Rock Mech. Min. Sci. Geomech. Abstr. 32(1),49 – 55(1995). doi:10. 1016/0148 – 9062(94)00016 – V.

# 4 讨 论

## 4.1 模型 A

### 4.1.1 模拟结果概述

在模型 A 的模拟中,以恒定压力(低于最小主应力)向图 3.1 所示裂缝中心注入流体。当系统内每一处压力都等于注入压力时,模拟结束。与所有的模拟一样,假设基质渗透率可忽略不计,因此流体并不会从裂缝向基质滤失。

流体注入降低裂缝有效正应力,诱使中心裂缝发生滑移。相邻裂缝最初不承受剪应力作用,因为它们与最小主应力方向相垂直,但是中心裂缝滑移会在相邻裂缝产生剪应力,并使其发生滑移(图 3.2)。中心裂缝滑移也会在相邻裂缝中产生拉伸应力,并导致部分裂缝张开,即使此时其流体压力低于远场最小主应力(图 3.3)。

注入流量随时间的变化则相当复杂(图 3.5)。在恒压注入过程中,注入流量开始一般较高(因为注入压力和初始压力间压差较大),但随时间的变化注入流量会迅速下降。而随着滑移开始发生,井筒周围传质能力增大,注入流量的降低趋势发生逆转。虽经过一段时间地提升,但由于传质能力增加的不稳定,无法长期维持大流量,注入流量又再次降低。当压力扰动达到中心裂缝边界时,传质能力增加区的传播出现延迟。在 250s 左右,相邻裂缝开始张开、滑移,传质能力增加,减缓了注入流量降低速度(但降低趋势未能逆转)。随后,随着整个系统的压力慢慢接近注入压力,注入流量进入缓慢下降期。

### 4.1.2 空间和时间离散化的影响

空间和时间离散化对模拟结果的影响如图 3.2 至图 3.8 所示。随时间和空间离散加密,模拟结果最终收敛。

在模型 A1—A4 采用恒定单元尺寸离散化方法,加密程度不断提高。而模型 5 则采用变尺寸单元进行离散,同时在井筒和裂缝交点附近进行了大幅度加密。模拟设置 S1~S5 采用了不同的 $\eta_{\mathrm{targ}}$ 值,该参数是控制时间步长度的主要参数。

不同空间离散化下模拟所得最终裂缝滑移和张开位移(以及 COMP2DD 计算结果)如图 3.2 和图 3.3 所示。除模型 A1(离散网格最粗)外,其他模拟结果均与离散网格最细的结果相似。图 3.4 展示了不同模拟和 COMP2DD 计算结果间的差异,结果表明 COMP2DD 计算结果与使用相同离散化的模拟 A4—S3 结果完全一样。A4—S0 和 A4—S3 结果对比表明直接用边界元(BEM)乘法所得的结果与 Hmmvp 法结果几乎完全相同。由图 3.4 可知,随着离散网格加密,结果逐渐收敛。

图 3.2 至图 3.4 给出了一些可合理使用的最简单的离散化认识。A1 的结果显然是不可接受的,但 A2 和 A5 的结果与空间网格更致密的模拟结果相当接近。比较 A2 和 A5,尽管 A5 的单元数量更少,其结果准确性却略高于 A2。显然,在裂缝交点附近进行离散网格加密的策略,优于使用固定单元尺寸的策略。

空间离散化对注入流量历史的影响如图 3.5 和图 3.6 所示,模拟 A1 与其他模拟有很大不同。A2、A3 和 A5 的注入流量模拟结果均在合理范围内,与 A4 结果相近,其中 A3 的结果最为接近。在约 250s 后,A5 与 A2 相比明显更接近 A4 结果。总的来说,除了 A1 以外,所有的离散化条件下的结果均与离散网格最密的模拟结果相当一致。A5 的模拟是效率和准确性之间的最优平衡,这显然是因为它在井筒和裂缝交点附近进行了离散网格加密。

时间步长对模拟结果的影响如图 3.7 和图 3.8 所示。模型 A5 采用模拟设置 S1 ~ S5 进行了模拟,因为这些模拟是设计用于测试时间离散化的影响,所以全部模拟均采用了相同的空间离散化。模拟案例 A5—S1 采用了特别小的 $\eta_{targ}$ 值,为了便于比较,假设该结果为最准确的结果。从图 3.7 可以看出,A5—S5 是唯一一个结果与 A5—S1 极其不同的模拟,其中模拟 A5—S4 结果与基准结果间存在一定差异,而 A5—S2 和 A5—S3 则与 A5—S4 非常相似。如图 3.8 所示,随时间步划分加密,模拟结果逐渐收敛。

模拟的离散网格加密程度必须与效率相平衡,如果模拟的目的是为了获得高度准确的结果,则模拟时可能需要更细的网格。但是,在模拟中,由于地下信息不完整或质量低,以及对正在发生的物理过程的简化假设,误差通常是不可避免的。由于不确定性带来的误差已经很大了,追求数值误差接近零并无实际意义。实际上,接受适度的数值误差是合理的,特别是当一个问题非常复杂,除此之外别无办法时。模型 A 较为简单,因此计算效率不是主要问题,但在大型模型中,效率至关重要。模型 A5 的模拟结果与模型 A4 的模拟结果十分相似,但前者效率高约 1000 倍(图 3.4 和图 3.6)。因此,认为模型 A5 是兼顾效率和准确性的最优结果,在模型 B 和模型 C 模拟中采用了与 A5 相似的离散化设置。对于时间离散,兼顾效率和准确性的最佳选择可能是 S3 或 S4($\eta_{targ}$ 分别为 0.5MPa 和 0.05MPa)。

### 4.1.3 直接求解最终变形

在模拟 A4—S6 和 A4—S7 中,一步到位对裂缝的最终变形进行了计算(3.2.1 节)。如果初始状态和最终状态之间的变形被认为不重要,那么这种模拟策略是有用的。事实上,直接计算法求解的是与 COMP2DD 代码一样的接触问题(Mutlu et al. ,2008)。

如图 3.10 和图 3.11 所示,A4—S6 和 A4—S7 的最终位移与 COMP2DD 法的计算结果几乎完全相同(相对误差小于 $10^{-6}$),且计算效率更高。对比 A4—S6 和 A4—S7 发现,直接边界元法（BEM）所得结果与 Hmmvp 法几乎相同，但使用 Hmmvp 法效率更高。

　　模拟 A4—S6（采用 Hmmvp 法）所得结果与 COMP2DD 计算结果几乎相同，但其效率是 Lemke 算法的 135 倍，是 SOCCP 算法的 1550 倍（图 3.9）。COMP2DD 和模拟 A4—S6 之间的时间对比并不是完全对等的，因为 COMP2DD 是一个 Matlab 代码，而模拟器采用 $C^{++}$ 语言编写的。通常来说，Matlab 代码的性能不如 $C^{++}$ 代码（除非 Matlab 中函数实现了向量化）。尽管如此，Matlab 和 $C^{++}$ 之间的差异并不能完全解释计算效率上的差异。

　　直接求解法对求解问题的规模具有良好的可适应性，因为计算时间是由更新应力相关的矩阵乘法决定的，而对于 Hmmvp 法，这一步骤具有线性阶 $n$ 或线性对数阶 $n\log(n)$ 复杂度（3.5 节和 4.5 节）。由于模型从不需要对相互作用系数的稠密矩阵进行组装（仅需要储存相互作用矩阵的高度压缩的层次矩阵形式），所以对内存的要求要低得多。因此，该模型可用于求解极大型的接触问题，而这对需要对完整相互作用系数稠密矩阵进行组装和求解的算法来说是不可行的。

　　如果对模型进行更具体的更改，以作为直接求解算法使用，那么计算效率可能会更高。流体流动方程改变后对结果没有影响，其仍保留在流体流动/正应力方程组中（3.2.1 节），但会造成不必要的计算工作量。如果采用全耦合而不是迭代耦合，可能会使求解效率更高。

　　如 2.3.8 节所讨论的，研究发现在非常复杂、密集或离散网格质量低的裂缝系统中，对裂缝位移施加不等式约束可能导致剪应力残差方程收敛失败。在尝试直接求解问题时，收敛性可能是一个问题，因为初始赋值可能与最终结果相差甚远。为了提高稳健性，可采用更稀疏的迭代矩阵（2.3.8 节）。对角迭代矩阵效率最低，但稳健性最高。另一种办法是通过多个时间步逐渐施加应力，执行多次计算。另一种与此等效的策略是施加应力突变，但在时间步中人为增大辐射阻尼系数的值（或等价地采用正常的辐射阻尼系数，但使用非常短的时间步），这会迫使在数个时间步内逐渐发生变形。

### 4.1.4　cstress 选项的影响

　　基于模拟 A3—S9 ~ A3—S12，对 cstress 选项的影响进行了测试，可将 A3—S9 与 A3—S8 进行比较，除了 A3—S8 未启用 cstress 选项外，其他都一样。模拟所得的最终张开位移和滑移位移如图 3.11 和图 3.12 所示。

　　A3—S8 和 A3—S9 的结果近乎相同，在这些模拟中 $E_0$ 非常小，因此闭合裂缝只经历了很小的法向变形以及由此产生的很小的正应力。从 S9 到 S12，随着 $E_0$ 增大，闭合裂缝的法向位移增大，法向位移产生的正应力也显著增大。而随着正应力的增加，单元的张开位移和滑移位移减小，如图 3.11 和图 3.12 所示。

　　模拟结果表明，当 $E_0$ 值较小（对应裂纹或裂缝），csterss 选项的影响有限。当 $E_0$ 较大（对应断层或裂缝区），cstress 选项可对结果产生重大影响。然而，因为 Shou 和 Crouch

(1995)提出的位移不连续法可能不适用于 $E_0$ 较大的情况,所以这些结果可能是不符合实际情况的(2.3.3 节)。Shou 和 Crouch(1995)提出的方法旨在描述裂缝的张开度,而不是断层带的多孔弹性膨胀。在未来的研究中,需要采用针对高孔隙度断层带膨胀的边界元法来替换 Shou 和 Crouch(1995)提出的方法。

## 4.2　模型 B

模型 B 的模拟中,在更大、相对更复杂的裂缝网络条件下,对模拟方案设置进行了测试。模型 B 包含 52748 个单元和 1080 条裂缝。在各次模拟中,以恒定流量注入流体,持续注入 2h(模拟时间内),总共涉及数千到数十万个时间步,在单个处理器上需要数小时到数天的计算时间。

模拟中,裂缝网络和模拟没有根据任何特定位置要求进行校正。但是,从模拟结果中可获得一些关于剪切性储层改造的有趣认识。

### 4.2.1　模拟结果概述

模型 B 模拟结果反映的是纯剪切性储层改造——由于原有裂缝发生诱导滑移,地层传质能力提高。注入压力始终大于 50MPa(最小主应力),如图 3.24 所示,但指定模型不产生新裂缝(作为一项模型参数)(3.3 节)。因此,注入流体全部存在原有裂缝中,随着流体压力超过裂缝正应力,部分裂缝张开。注入压力随时间变化较大,因为传质能力的变化有时会导致注入压力降低(图 3.24)。

模型中所有裂缝,均在预先存在的应力场下易于滑移,但并不是所有靠近井筒的裂缝都发生了滑移(图 3.12)。这是剪切性改造效应在裂缝网络中的传播方式以及应力阴影效应所导致的。

裂缝剪切性改造[详见 McClure(2012)的 3.4.2.2 节和 4.4.2 节],可在单一直线缝中实现传质能力增大区的高效传播。在发生滑移和尚未发生滑移的区域之间,存在一个有效剪切裂缝尖端。在有效裂缝尖端附近,会发生应力集中,使得滑移可在流体压力扰动前缘之前传播。滑移作用相互耦合,会增加传质能力,因此流体压力前缘的传播速度,受增加后的传质能力影响,而非未经过改造部分的传质能力。在这种情况下,一旦裂缝开始发生滑移,往往会相对迅速向前推进至整个裂缝,图 4.1 展示了似裂缝剪切性改造过程。

图 3.18 展示了模拟 B6 的地震事件发生时间和震级,从图中可以看出剪切性改造沿断层周期性传播。模拟中存在多个地震活动强烈期。各强烈地震期与流体压力、裂缝滑移和传质能力增加区沿特定裂缝的向前传播相对应。在注入压力图中,可明显观察到这些影响。比如,在第 5500s 左右,存在一个强烈的地震期(图 3.18),此时滑移位移和传质能力增加区正沿一条新受到影响的裂缝向前推进,同时观察到注入压力降低(图 3.25)。在第 5000s 左

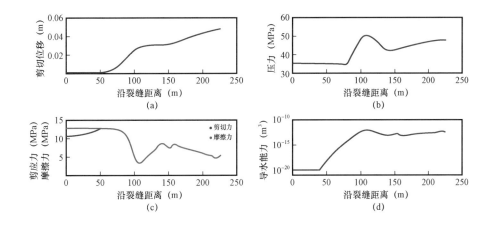

图 4.1 裂缝剪切性改造机理示意图

$X$ 轴为沿某一裂缝的距离,流体注入和改造区传播方向总体从右向左;
注入流体压力扰动前缘位于 $x=80m$ 附近,落后于剪切位移区和传质
能力提高区前缘。图片引自参考文献(McClure,2012)的 3.4.2.2 节

右的强烈地震期,也发现了一个相似的注入压力降落,但降低幅度比第 5500s 时稍小
(图 3.18 和图 3.25)。

与沿裂缝的滑移传播不同,(通常)没有诱导应力对裂缝滑移起裂进行辅助。最常见的
情况是裂缝滑移需要流体压力扩散到(未经改造)裂缝中,该过程的速度受到裂缝初始传质
能力的限制[如参考文献(McClure,2012)中 3.4.2.2 节所述]。

当裂缝发生滑移时,它们会释放其两侧的剪应力,抑制相邻平行裂缝发生滑移,该过程
被称为应力阴影。在模拟中,由于采用了 Olson 修正公式(2004),所以扰动的空间范围受到
地层高度(100m)的限制(2.3.2 节),应力相互作用以其他形式表现出来。由于法向诱导应
力的降低,滑移裂缝的外延区域出现裂缝张开。

以上影响解释了为什么许多明显倾向于滑移的裂缝没有发生滑移。与井筒相交的裂
缝,滑移倾向最高,因此最早发生滑移,一旦它们发生滑移,由于剪切性改造原因,使得改造
可以沿着它们快速传播。先发生滑移的裂缝会产生应力阴影,阻止或延缓相邻裂缝的滑移。

最终传质能力分布的空间范围相对广泛,从井筒向外延伸达 200m。然而,大多数与井
筒相连的流动通道都是相对孤立的。在相邻的改造裂缝之间并不一定存在直接的流动通
道,这是低渗透基质裂缝网络中流体流动的一个现实情况,而它出现在模拟中,是采用离散
裂缝网络建模以及考虑裂缝变形产生的应力的直接结果。

## 4.2.2 时间离散化细化的影响

模拟 B1～B4 对不同 $\eta_{targ}$ 大小条件下模型的性能和准确性进行了测试,该参数决定了时

间步的长度(2.3.9 节)。模拟 B1 和 B4 的最终裂缝滑移和张开位移如图 3.12 和图 3.13 所示,这两个模拟分别采用了最密和最粗的时间离散划分。从图中观察来看,存在一些细小差异(最明显的是模拟 B4 中有一条完整裂缝发生滑移,而在在 B1 中未发生滑移),但是结果大体相似。图 3.12 中未展示 B2 和 B3 的最终裂缝位移分布,因为它们与 B1 的结果在图像无法区分。

从这些结果可以得出,模拟 B4 $\eta_{targ}$ 的值过大,但 B2 和 B3 中 $\eta_{targ}$ 的值足以满足合理的准确结果。从图 3.14 可以看出,随时间离散加密,模拟结果趋于相同。模拟 B1~B3 中,注入压力随时间的变化在图像上看是相同的。模拟 B4 与之相似,但一个主要的区别是在接近模拟尾声时注入压力开始下降,这在模拟 B1~B3 中没有发生(图 3.24)。注入压力下降时,剪切改造沿某一特定大裂缝快速传播。该裂缝在模拟 B4 中受到了水力改造,但在模拟 B1~B3中没有发生(图 3.12 和图 3.13),因此在这些模拟中未发生注入压力下降。

随着 $\eta_{targ}$ 的减小,计算机运行时间和迭代次数大幅度增加(图 3.21)。$\eta_{targ}$ 越大,平均时间步越长,因此迭代耦合方法需要在剪应力残差方程和流动/正应力残差方程间进行更多的迭代(2.3.1 节)。因此,$\eta_{targ}$ 越大,模拟所用时间步越少,但每个时间步的计算机运行时间越长(图 3.22)。

### 4.2.3　cstress 选项的影响

模拟 B8 和 B9,在 $E_0$ 等于 0.8mm 的条件下,对 cstress 选项进行测试。模拟 A3—S9~A3—S12 的 cstress 选项测试表明,当 $E_0$ 等于 0.8mm 时,cstress 选项可能对模拟结果产生中等程度影响。比如,在模拟 A3-S11 中,$E_0$ 等于 1mm,其结果受到 cstress 选项影响很大(图 3.10 和图 3.11)。

从图像观察来看,模拟 B8 的最终裂缝滑移和张开位移情况(图 3.17)看起来与模拟 B1 结果(图 3.12)相似。cstress 选项对模型 B 的影响可能较小,因为其裂缝尺寸远大于模型 A。由于裂缝刚度随长度增加而减小,在相同的法向位移下,较大长度的裂缝产生的应力较小。如图 3.14 所示,在模拟裂缝内,模拟 B8 和 B1 之间滑移位移差的欧几里得范数(维度对应问题规模)约为 4mm。这一差异相当显著,因为水力改造区的平均滑移位移约为 2.3cm。

模拟 B8 中使用的时间步总数与 B3 近乎相同(二者具有相同的 $\eta_{targ}$ 值),但是前者的计算机运行时间是后者的 5.2 倍。模拟 B8 每个时间步的计算时间约为 5.9s,而 B3 中为0.8s。模拟时间的增加有两方面的原因:首先,启用 cstress 选项,对闭合单元变形产生的应力进行更新,需要进行相互作用系数矩阵的乘法运算(采用 Hmmvp 法);其次,启用 cstress 选项,流体流动/正应力方程组的迭代矩阵明显增大,需要更多时间来求解[式(2.30)]。

### 4.2.4 自适应域调整的影响

模拟 B5 和 B9 采用自适应域调整,可将它们与 B3 和 B8 作比较,B3 和 B8 除了不采用自适应域调整外,其他均与 B5 和 B9 相同。在不启用 cstress 选项的情况下,自适应域调整减少大约 15% 的计算时间,在启用 cstress 选项的情况下,减少大约 30% 的计算时间(图 3.21 和图 3.23)。采用自适应域调整的模拟结果与不采用该方法的模拟结果基本一致。

从图 3.23 中可以看出,采用自适应域调整的模拟在早期提高了效率,但之后优势就消失了。可能是这种效率的提高仅发生在模拟早期,因为随着注入井压力扰动和模拟的范围的扩大,检查清单(checklist)中的包含的单元数量会逐渐增加,直到包含所有的单元。

### 4.2.5 动态摩擦弱化

模拟 B6 测试了动态摩擦弱化效果(2.5.3 节)。地震事件震级的范围在 $-2.5 \sim 2.0$(图 3.18)。模型中最小单元尺寸决定着最小震级。因为在地震事件中,滑移通常限制在一个单一裂缝中,因此最大震级由模型中的最大裂缝决定。

由于裂缝剪切性改造影响(4.2.1 节),出现了多个地震活动相对强烈的时期,强地震活动期被地震相对轻微活动期分隔开(图 3.18)。强地震活动期是当滑移和传质能力增加首次沿裂缝向前传播时出现的。一旦裂缝开始滑移,由于滑移会沿裂缝产生剪切应力,使得裂缝传质能力和流体压力能够相对快速地沿裂缝向前传播,从而促进滑移和传质能力的增长。

对震源位置进行调整以模拟重新定位误差的影响,如图 3.20 所示。重新定位会使震源分布形成一个体积云。图 3.15 展示了最终的滑移分布(传质能力增强与滑移密切相关),从图中可以看出,实际裂缝网络相对稀疏、间隔较宽、连通较差,这一结果与 EGS 的结果相一致,例如,在 EGS 中,生产测井有时会显示产液裂缝间距较宽,但微地震的重新定位结果又呈现出体积式改造(Michelet et al.,2007)。

结果表明,试图根据微地震云的形状推断裂缝几何形状存在一定风险。在不知道水力改造裂缝的实际位置的情况下(图 3.15),观察者可能会从图 3.20 推断出在 $x = -150\mathrm{m}$ 位置处,存在一条沿 $Y$ 轴方向的长裂缝,但图 3.15 显示并不存在这样的裂缝。

模拟 B3 比采用同样的 $\eta_{\mathrm{targ}}$ 值的模拟 B6 的单时间步计算效率更高。因为需要用大量的短时间步来模拟地震事件期间的快速滑移,模拟 B6 所用的时间步数明显多于 B3。

### 4.2.6 忽略应力相互作用

在模拟 B7 中,忽略裂缝间的应力相互作用,导致水力裂缝呈现出完全不同的几何形态(图 3.16)。在大型复杂裂缝网络模型中少有考虑应力相互作用(1.2 节),但是这个例子充分说明了应力相互作用对模拟结果影响的重要性。应力相互作用会产生多种效应,其中最重要的就是裂缝剪切性水力改造机理(4.2.1 节)。诱导剪应力促进水力改造沿裂缝扩展,如果没有这种作用,压裂改造区(在剪切性水力改造中)的增长速度只能与初始传质能力下流入单元的流动速度相当,如果初始传质能力较低,该过程可能非常缓慢。如果传质能力增加区增长过慢,无法容纳注入流体,则流体压力就会被迫升高,导致裂缝张开。

模拟 B7 中,不允许生成新裂缝(3.3 节),但允许预先存在的裂缝张开。从图 3.16 中水力改造裂缝的厚度可以看出,这些裂缝已明显张开。在模拟 B7 中,未激活裂缝尖端区域调整功能(4.2 节),这一过程被证明是水力改造区增长的主要方式。由图 3.25 可知,在 B7 模拟过程中,注入压力几乎恒定,保持在 55MPa 左右。而在该压力下,天然裂缝可以张开,因此模型的裂缝尖端调整功能被激活。

## 4.3  模型 C

模型 C 是混合机理传播的示例,其中,水力改造可表现为新裂缝扩展以及原生裂缝的张开和滑移(McClure,2012)。混合机理传播最常用于解释页岩气的水力压裂改造(Gale et al.,2007;Weng et al.,2011)。天然裂缝网络不发生渗流——天然裂缝中没有贯穿储层的连续通道。但是,由于形成了新的裂缝,可以形成连续、长距离的渗流通道(图 3.26),这是纯剪切性水力改造和混合机理水力改造传播之间的一个重要区别。剪切性水力改造需要天然裂缝网络发生流体渗流,而混合机理水力改造传播则不需要[参考文献(McClure,2012)中的 3.4.8 节]。

模型 C 表明,该模型可有效模拟混合机理水力改造。相比模型 B3,模型 C 运行速度更快,所用时间步数更少,二者的 $\eta_{targ}$ 值相同。然而,模型 C 的单元数还不到模型 B3 的一半(3.1 节)。

## 4.4  模型 D

模型 D 的模拟是为了测试应变惩罚因子的效果以及研究模型在低角度裂缝交点处的行为。在没有应变罚函数因子的两次模拟中,出现了不合理的数值结果同时单元间出现大张开位移和小张开位移之间的快速振荡(图 3.27 和图 3.29)。

对比 D1—DS1 和 D2—DS2,离散化细化可减少低角度裂缝交点处的不合理的数值结果,但不能完全消除。在 D2—DS1 中,不合理的数值结果的区域较小,主要集中在交点附近,而在 D1—DS1 中,不合理的数值结果与交点距离较大。

采用应变罚函数法,D1—DS2 和 D2—DS2 的模拟中没有出现裂缝张开处发生振荡的不合理的数值结果现象(图 3.28 和图 3.30)。在 D2—DS2 中,在交点附近施加了适度的罚函数应力可以防止数值振荡,也不会对整体结果产生重大影响。在 D1—DS2 中,罚函数应力阻止了数值振荡,但与 D2—DS2 相比,模拟结果也受到了显著影响。这些结果表明,罚函数应力虽然阻止了不合理的数值结果,但也造成了误差。D2—DS2 表明,如果对裂缝交点周围的离散化进行合理的加密,那么应变罚函数法造成的不准确度可被限制在很小的区域内。

## 4.5　层次矩阵分解

Hmmvp 法在矩阵乘法上表现出了卓越性能和适宜的算法复杂度。对于逐步加密的裂缝网络,Hmmvp 具有线性阶算法复杂度(图 3.32)。当保持网格加密水平不变,同时增大问题规模,Hmmvp 具有线性对数阶算法复杂度 $n\log(n)$(图 3.34)。对于生成矩阵逼近,Hmmvp 具有线性阶算法复杂度(图 3.35)。

用模拟器对 Hmmvp 进行了测试,验证了该方法的准确性和高效性。模拟 A4—S0 和 A4—S3 的设置,除 A4—S0 采用直接矩阵乘法而不是 Hmmvp 外,其他完全相同,两次模拟的结果几乎完全相同,但 A4—S0 所需的计算时间约为后者的 10 倍(图 3.4)。在 A4—S6 和 A4—S7 之间也进行了类似地比较,在这种情况下,使用 Hmmvp 进行模拟的效率提高了 23 倍。A4—S6 和 A4—S7 的模拟结果几乎相同(图 3.9)。因为 Hmmvp 法中单次矩阵乘法所需浮点数随问题规模增大而增大的速度远低于直接矩阵乘法,因此,所以随着问题规模的增长,Hmmvp 法的效率优势愈发明显。

## 4.6　模型向三维空间扩展

本书所描述的模型可扩展到三维模型。应力计算与现在相同,除了要采用不同的边界元法来计算相互作用系数。在流体流动方程中,三维模型仅改变几何传质率项的计算。此外,还存在一些具体细节的变化,比如改变应力强度因子的计算方式(2.5.2 节)。离散化处理和结果可视化也需要做出变化。

针对三维模型,存在数个物理问题,由于这些问题固有的复杂性对其处理颇具挑战。比如,正在扩展的 I 型裂缝,处于 III 型加载条件时,可能形成雁阵式小裂缝阵列(Pollard et al. ,1982)。

三维模拟的主要困难在于其需要更多的单元,由于笔者的模型仅需要对裂缝进行离散化,所以单元的数量会比需要体积离散化时要少得多(如用限元法)。因为模型 B 在单处理器上需要运行数小时或数天,所以模拟尺寸更大的问题时必须采用并行计算。幸运的是,并行计算并不存在重大理论障碍。对并行计算,矩阵乘法问题方面不成问题,且算法复杂度较低。采用稀疏矩阵的标准并行求解器,即可求解流动/正应力子循环的迭代矩阵组。

### 参 考 文 献

Gale,J. F. W. ,Reed,R. M. ,Holder,J. :Natural fractures in the Barnett Shale and their importance for hydraulic fracture treatments. AAPG Bull. 91(4),603 – 622(2007). doi:10. 1306/11010606061.

McClure,M. W. :Modeling and characterization of hydraulic stimulation and induced seismicity in geothermal and shale gas reservoirs. Stanford University,Stanford(2012).

Michelet, S. , Toks? z, M. N. : Fracture mapping in the Soultz – sous – Forêts geothermal field using microearthquakelocations. J. Geophys. Res. 112(B7),(2007). doi:10. 1029/2006JB004442.

Mutlu,O. ,Pollard,D. D. : On the patterns of wing cracks along an outcrop scale flaw:a numerical modeling approach using complementarity. J. Geophys. Res. 113(B6),(2008). doi:10. 1029/2007JB005284.

Olson,J. E. :Predicting fracture swarms – the influence of subcritical crack growth and the cracktip process zone on joint spacing in rock. Geol. Soc. , Lond. Special Publ. 231 ( 1 ), 73 – 88 ( 2004 ) . doi: 10. 1144/GSL. SP. 2004. 231. 01. 05.

Pollard,D. D. ,Segall,P. ,Delaney,P. T. :Formation and interpretation of dilatant echelon cracks. GSA Bull. 93 (12),1291 – 1303(1982). doi:10. 1130/0016 – 7606(1982)93\\ 1291:FAIODE[2. 0. CO;2.

Shou,K. J. ,Crouch,S. L. :A higher order Displacement Discontinuity Method for analysis of crack problems. Int. J. Rock Mech. Min. Sci. Geomech. Abstr. 32(1),49 – 55(1995). doi:10. 1016/0148 – 9062(94)00016 – V.

Weng,X. ,Kresse,O. ,Cohen,C. – E. ,Wu,R. ,Gu,H. :Modeling of hydraulic – fracture – network propagation in a naturally fractured formation. SPE Prod. Oper. 26(4),(2011). doi:10. 2118/140253 – PA.

# 5 结 论

本书描述和演示的模拟方法能够高效、准确地模拟大型二维离散裂缝网络中的流体流动、变形、地震活动和传质能力演化。根据单元是开启、滑移或静止的,对其进行适当的应力条件和位移约束。随着网格加密,模拟结果逐渐收敛,并确定了可接受精度所需的离散化设置。开发并测试了各种能够实现高效计算和反映真实行为的技术,如自适应域调整、裂缝尖端区域调整和应变罚函数法等。本书的模型可直接用于裂缝接触问题的求解,具有内存要求小、计算效率高以及算法复杂度低的优点。

测试结果表明,在水力压裂模拟时,考虑变形引起的应力至关重要,这些应力可直接影响水力改造区的传播机理以及最终形成的裂缝网络的性质。

本模型可用于探索原有裂缝具有显著影响的情况下水力压裂改造行为,还可用于描述新生成的张开裂缝的扩展,原有裂缝的诱导滑移以及上述这些过程的任意组合。

# 符 号 说 明

| 符　号 | 释　义 |
|---|---|
| $A$ | 裂缝面面积，$m^2$ |
| activelist | 自适应域调整时留备使用的单元清单 |
| $a$ | 单元半长，m |
| $a_{const}$ | 初始离散时的单元半长，m |
| $a_{frac}$ | 裂缝半长，m |
| $a_{min}$ | 最小单元半长，m |
| $a_{rs}$ | 速度—状态依赖性摩擦理论中的速度项系数，无量纲 |
| $B_{E,\sigma}$、$B_{D,\sigma}$、$B_{E,\tau}$、$B_{D,\tau}$ | 相互作用系数矩阵，MPa/mm |
| $b$ | 速度—状态依赖性摩擦理论中的状态项系数，无量纲 |
| checklist | 自适应域调整时，其内单元全部包括在问题域中的清单 |
| cstress | 考虑闭合单元法向位移产生的应力的影响的模拟选项 |
| $D$ | 累计剪切位移不连续量，mm |
| $D_{cum}$ | 在地震事件中，累计滑移位移，mm |
| $D_{E,eff}$、$D_{e,eff}$ | 有效累计位移不连续量，mm |
| $D_{E,eff,max}$、$D_{e,eff,max}$ | 计算开度时采用的最大有效累计滑移位移，mm |
| $D_s$、$D_n$ | 应力罚函数法描中采用的变量，分别指切向和法向位移不连续量（等价于 $D$ 和 $E$），mm |
| $d$ | 两单元之间的距离，m |
| $d_c$ | 速度—状态依赖性摩擦理论中的特征弱化距离，m |
| $d_t$ | 时间步的长度，s |
| $E$ | 孔隙开度（裂缝单位面积孔隙体积），mm |
| $E_0$ | 参考孔隙开度，mm |
| $E_{hfres}$ | 残余开度，mm |

| 符　号 | 释　义 |
|---|---|
| $E_{\text{open}}$ | 裂缝壁面间距（两裂缝壁之间的物理分隔距离），mm |
| $e$ | 裂缝开度（裂缝内流体流动的有效宽度），mm |
| $e_0$ | 参考水力开度，mm |
| $e_{\text{hmat}}$ | $\boldsymbol{h}$ 矩阵逼近的相对误差，无量纲 |
| $e_j$ | 模拟结果间的相对偏差，有多种定义 |
| $e_{\text{proc}}$ | 过程区裂缝开度，mm |
| $f_0$ | 速度—状态依赖性摩擦理论中的摩擦项，无量纲 |
| $G$ | 剪切模量，GPa |
| $G_{\text{adj}}$ | 相互作用系数的 Olson 修正因子（2004） |
| $h$ | 裂缝的"平面外"长度，m |
| $I$ | 单位矩阵，无量纲 |
| *itertol* | 迭代耦合的收敛判据，MPa |
| $J$ | 迭代矩阵，有多种形式 |
| $J_{\text{mech,thresh}}$ | 将力学相互作用项纳入迭代矩阵的阈值参数，无量纲 |
| $K_I$ | 应力强度因子，MPa·m$^{0.5}$ |
| $K_{I,\text{crithf}}$ | 新裂缝扩展的临界应力强度因子，MPa·m$^{0.5}$ |
| $K_{I,\text{crit}}$ | 原有裂缝张开扩展的临界应力强度因子，MPa·m$^{0.5}$ |
| $K_{\text{frac}}$ | 裂缝刚度，MPa$^{-1}$ |
| $K_{\text{hf}}$ | 给定的闭合水力裂缝单元的刚度，MPa$^{-1}$ |
| $k$ | 渗透率，m$^2$ |
| $l_c$、$l_o$、$l_s$、$l_f$ | 离散网格加密参数，单位分别为 m、无量纲、无量纲、无量纲 |
| $M_0$ | 地震矩，N·m |
| $M_w$ | 矩震级，无量纲 |
| *mechtol* | 剪切应力残差方程的收敛判据，MPa |
| nochecklist | 自适应域调整中，清单内所有的单元均不纳入问题域的清单 |
| nocstress | 不考虑闭合单元法向位移产生的应力的模拟选项 |

| 符　号 | 释　义 |
|---|---|
| opentol | 自适应域调整时单元归入活动清单(activelist)的判据 |
| $p$ | 流体压力,MPa |
| $p_{init}$ | 初始流体压力,MPa |
| $p_{inj}$ | 注入压力,MPa |
| $p_{prodmin}$ | 最小生产压力,MPa |
| $p_{injmax}$ | 最大注入压力,MPa |
| $Q$ | 注入流量,kg/s |
| $q$ | 质量流量,kg/s |
| $q_{flux}$ | 质量通量(通过单位流动截面的质量流量),$kg/(s \cdot m^2)$ |
| $q_{injmax}$ | 最大注入流量,kg/s |
| $q_{prodmax}$ | 最大生产流量,kg/s |
| $R$ | 残差方程,有多种单位 |
| $S$ | 给定的注入/生产速率(注入为正值),kg/s |
| $S_0$ | 裂缝内聚力,MPa |
| $S_{0,open}$ | 开启单元的内聚力项,MPa |
| $s_a$ | 源项(单位面积裂缝在单位时间内产生或消失的质量),$kg/(s \cdot m^2)$ |
| $s$ | 质量源项,kg/s |
| slidetol | 自适应域调整时单元归入活动清单(activelist)的判据 |
| $T$ | 传质系数,$m^3$ |
| $T_{hf,fac}$ | 计算新生成裂缝残余传质能力的系数,$m^2$ |
| $T_g$ | 单元间几何传质率,$m^3$ |
| $T_s$ | 应力张量,MPa |
| $t$ | 时间,s |
| $v$ | 滑移速度,m/s |
| $v_0$ | 速度—状态依赖性摩擦理论的参考速度,m/s |

| 符　　号 | 释　　义 |
|---|---|
| $v_s$ | 剪切波波速,m/s |
| $\Delta D$、$\Delta E$ | 在某一时间步中,位移不连续量,mm |
| $\Delta\sigma_{n,\text{strainadj}}$、$\Delta\sigma_{s,\text{strainadj}}$ | 应变罚函数法中施加的(正或剪)应力,MPa |
| $\delta$ | 在自适应时间步进中使用的参数,为剪应力和有效正应力变化的绝对值之和,MPa |
| $\delta_{\text{strainadj}}$ | 在某一时间步中,$\Delta\sigma_{k,\text{strainadj}}$的最大值,MPa |
| $\varepsilon$ | 应变张量,无量纲 |
| $\varepsilon_n$,$\varepsilon_s$ | (大)应变罚函数法中,位移不连续的法向或切向应变,无量纲 |
| $\varepsilon_{n,\text{lim}}$,$\varepsilon_{s,\text{lim}}$ | 位移不连续应变(法向或切向)的限值,无量纲 |
| $\varepsilon_{\text{tol}}$ | 用户自定义的 $h$ 矩阵组装的相对容差,无量纲 |
| $\eta$ | 辐射阻尼系数,MPa/(m/s) |
| $\eta_{\text{targ}}$ | 自适应时间步进中,应力变化的最大值,MPa |
| $\eta_{\text{targ,strianadj}}$ | 时间步进格式中,$\varepsilon_k$ 的目标变化值,无量纲 |
| $\theta$ | 速度—状态依赖性摩擦理论中的状态变量(随时间变化),s |
| $\mu_d$ | 动态摩擦系数,无量纲 |
| $\mu_f$ | 摩擦系数,无量纲 |
| $\mu_l$ | 流体黏度,Pa·s |
| $\rho$ | 流体密度,kg/m³ |
| $\pi$ | 圆周率,数学常数,无量纲 |
| $\sigma_n'$ | 有效正应力,MPa |
| $\sigma_n$ | 正应力,MPa |
| $\sigma_{n,\text{Eref}}$、$\sigma_{n,\text{eref}}$ | 参考裂缝刚度,mm |
| $\sigma_{yy}$ | $Y$ 轴方向的远场压缩应力,MPa |
| $\sigma_{xy}$ | 远场剪切应力,MPa |
| $\sigma_{xx}$ | $X$ 轴方向的远场压缩应力,MPa |
| $\tau$ | 剪应力,MPa |
| $\nu_p$ | 泊松比,无量纲 |
| $\varphi_{E,\text{dil}}$、$\varphi_{e,\text{dil}}$ | 孔隙膨胀角,(°) |

# 延伸阅读一　水力压裂发展基本历程

## 1　国外水力压裂发展基本历程

从 1947 年 7 月世界第一口井压裂开始,水力压裂工艺技术已经发展 70 多年了,通过向油气藏目的层高压泵注压裂液和支撑剂,在油气藏目的层内形成有效支撑的水力裂缝,极大地提高了油气井的产量。特别是 1997 年开始的水平井钻井 + 大规模多段压裂技术的应用,使得美国通过页岩油气的开发实现了油气的自给自足,改变了世界的能源格局。总结国外水力压裂发展历程可概括为四个阶段。

(1)第一阶段:20 世纪 80 年代以前的单层小规模压裂。

1947 年 7 月世界第一口压裂井在美国堪萨斯州大县 Hugoton 气田 Kelpper1 井成功压裂,共注入 1000gal(约 3.8m$^3$)的胶凝汽油,100lb(约 45kg)的石英砂(图 1)。起初,由于对是否需要在胶凝汽油中添加破胶剂存在分歧,所以没有添加任何化学破胶剂,施工没有取得成功。经过大约一周的时间,注入了一些化学破胶液后,凝胶明显变稀,气井开始产气,获得了比较成功的改造效果。

图 1　世界首次压裂试验井

1949 年,哈里伯顿公司在俄克拉荷马州斯蒂芬斯县和得克萨斯州阿彻县进行了首次商业压裂,压裂使用了原油以及原油和汽油的混合物,拉开了压裂技术商业化的序幕(图 2)。

图2　世界首次商业压裂井

20 世纪 50 年代早期，水力压裂支撑剂的注入量通常都很小，约 1500 ~ 4000gal（5.7 ~ 15.1m³），支撑剂浓度仅为 0.50lb/gal（59.2kg/m³），施工排量通常为 3 ~ 4bbl/min（0.48 ~ 0.64m³/min），小规模的水力压裂通常只是为了解除近井污染，使得目的层与井筒有更好的连通性。20 世纪 50 年代中期，压裂规模有所增大，平均液量为 7000gal（26.6m³），支撑剂浓度约为 1lb/gal（118.4kg/m³）。到 20 世纪 60 年代，水力压裂砂量和液量都在稳步增加，砂浓度相对稳定，油基压裂液逐渐被凝胶水基压裂液所取代。到 1963 年，平均施工排量已经增加到大约 18lb/min（2.9m³/min），典型的泵车水马力约为 1200HHP，一般施工需要 2 ~ 3 台压裂泵车。

（2）第二阶段：20 世纪 80 年代至 90 年代的大规模压裂阶段。

20 世纪 80 年代，大规模水力压裂显著多，在低渗透地层，单级水力压裂的砂量超过 $100 \times 10^4$ lb（$4.5 \times 10^5$ kg），Tenneco 石油公司是首个实施单级压裂砂量超过 $20 \times 10^4$ lb（$9 \times 10^4$ kg）的公司，单级一次泵入 $50 \times 10^4$ lb（$2.25 \times 10^5$ kg）的 20/40 目陶粒支撑剂，创下了四年多来的最高记录。美国 Wattenberg 气田水力压裂通常支撑半缝长大于 300m，加砂规模达到 100m³ 以上被认为是大型压裂。大型压裂技术在 Wattenberg 气田应用效果显著，该区域加砂量达 90 ~ 140m³，最大达到 255m³，压后缝长为 400 ~ 600m，压后稳产在（2.0 ~ 3.5）× $10^4$ m³/d，最大为 $5.2 \times 10^4$ m³/d。

（3）第三阶段：20 世纪 90 年代至 21 世纪初的多层压裂阶段。

在 20 世纪 90 年代发展了多层压裂、分层排液技术。以大绿河盆地的 Jonah 气田为代表，1993 年以前，采用单层压裂，只压开底部 50% 地层，单井产量为（4 ~ 11）× $10^4$ m³/d，后来采用多级压裂技术，压裂 3 ~ 6 层段，但耗时需 35 天左右，增产效果不显著。在 2000 年后，采用了改进后的连续油管逐层分压，合层排采技术，纵向改造程度达到 100%，作业时间大大缩短,36h 可以完成压裂 11 层,合层排液,产量较常规压裂增加 90%以上,同时,由于压裂设备的进步,先进的多级滑套水力压差式封隔器分压技术及水力喷射加砂分段压裂技术在多个气藏得到应用,取得了良好的改造效果。

(4)第四阶段:21 世纪初的水平井分段"工厂化"压裂阶段。

2002 年以来,许多公司尝试水平井压裂(水平段长 450~1500m),水平井产量一般能达到垂直井的 3 倍多。以美国为代表的水平井越来越多地应用于低渗透油气藏,特别是页岩气藏水平井的规模开发,核心技术就是水平井分段改造关键技术的突破和大规模应用(表 1)。就水平井改造技术而言,国外 2002 年前采用多级封隔器、桥塞、限流、喷射等压裂方式进行试验,没有形成水平井开发的主体技术。2007 年以后,针对页岩气、致密气等非常规天然气地质特点逐步发展形成了快钻桥塞分段压裂、裸眼封隔器分段压裂等水平井压裂主体技术。

表 1　美国页岩气发展历程

| 阶段 | 时间 | 发展历程 |
| --- | --- | --- |
| 大规模水力压裂 | 1981 年 | 第一口氮气泡沫压裂 |
| | 1990 年 | Barnett 页岩大型压裂 |
| | 1992 年 | 第一口水平井压裂 |
| 大规模滑溜水压裂 | 1997 年 | 第一次滑溜水压裂(6000m³) |
| | 1998 年 | 大规模滑溜水压裂和重复压裂 |
| 水平井分段压裂 | 2002 年 | 尝试水平井分段压裂 |
| | 2004 年 | 水平井滑溜水分段压裂广泛应用 |
| | 2005 年 | 开始同步压裂 |
| | 目前 | 水平井完井 + 滑溜水压裂 + 多级射孔 + 可钻桥塞(可溶桥塞) |

2005 年,开始试验两井同步压裂技术,或者是交叉式(又称拉链式压裂)技术,这种"工厂化"作业模式的压裂大大降低了作业成本,推动了水平井分段压裂技术的大面积应用。随着水平井作业井数的规模化、批量化,北美在作业方式、提高效率等方面逐步实现了工厂化,平台布井从 2011 年 8~16 口上升到目前 24~40 口,二叠系盆地最多部署 64 口。

## 2　国内水力压裂发展基本历程

1955 年中国在玉门油田尝试压裂的第 1 口井获得成功,随后经 60 多年的发展完善,储集层改造技术基本满足了中国石油工业发展的需求。国内储层改造工艺技术发展紧跟国外步伐,工艺技术经历了从常规储层"压通"到低渗透储层"压开"再到致密储层"压碎"的转变。国内储层改造更加注重与油藏结合,形成了整体压裂和开发压裂等特色改造技术,工艺技术基本满足国内不同类型油气藏改造需求。总结国内储层改造发展历程可概括五个阶段。

（1）第一阶段：1990 年前的单井单层压裂。

"八五"以前，压裂设备大多使用 300 型、500 型水泥车，压裂工艺基本上采用合层压裂，压裂液主要为原油和清水（图 3）。支撑剂基本上使用石英砂。压裂基本上以解堵为主，但也起到了较好的增产作用。促进了老君庙 M 油藏、长庆马岭和吉林扶余等油田的全面开发。

（2）第二阶段：1991 年至 1998 年的整体压裂（井网已定，压裂后期介入）。

油藏整体压裂是中国 20 世纪 80 年代后期一批低渗透油藏难以经济有效开发的背景下，从单井及井组压裂发展起来的，油藏整体压裂的工作对象是全油藏，实质是将具有一定缝长、导流能力与一定延伸方位的水力裂缝置于给定的油藏地质条件和注采井网中，利用油藏地质与油藏工程研究成果、数值模拟与现代压裂技术，从总体上为油藏的压裂工作制定技术原则、规范和实施措施，用以指导单井的优化压裂设计（图 4）。1986 年和 1988 年以经济优化为目标函数为辽河杜 124 断块和吉林乾安油田编制了整体压裂方案，后经吐哈鄯善油田、青海尕斯库勒油田整体压裂的发展，促使吐哈油田快速建成 100 万吨产能。与单井压裂相比，油藏整体压裂具有以下特征：

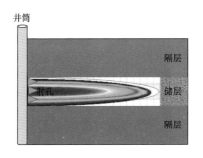

图 3　单层压裂示意图

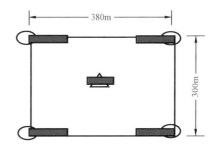

图 4　整体压裂水力裂缝方位与注采井网关系示意图（井网已定，五点井网示例）

① 立足于油藏地质、开发现状与开发要求，从宏观上对全油藏压裂做出规划部署，用来指导规范每一单井压裂的优化设计与现场施工。

② 以获得全油藏最大的开发与经济效益为目标，强调水力裂缝必须与给定的注采井网实现最佳匹配，以提高全油藏在某一开发阶段的采油速度、采出程度、扫油效率等多项开发指标，提高全油藏的最终采收率。

③ 整体压裂设计是一项系统工程，需要多学科（油藏地质、油藏工程、岩石力学、渗流力学等）渗透融合并与（压裂材料、数值模型、测试检验、工艺技术与作业水平等）各项配套工程技术进步相辅相成。

④ 由研究、设计、实施和评估四个主要环节组成。或言之，是在深化地质和开发条件的

基础上,通过现代压裂技术,制定优化的整体压裂方案设计,用来指导压裂施工;检验和评价设计与实施效果,为制定开发(或调整开发)方案和改进后续压裂工作提供依据。

(3)第三阶段:1998年至2000年的开发压裂(井网未定,压裂早期介入)。

"九五"期间,以低渗透油藏(区块)为单元,建立水力裂缝与开发井网优化组合系统,形成了整体压裂和开发压裂技术,改变了以往仅仅针对单井进行压裂改造,弥补了油藏非均质性、水驱扫油效率与开发效益的总体考虑(图5)。

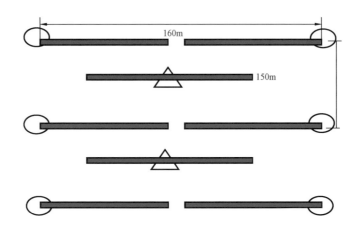

图5 开发压裂水力裂缝方位与注采井网关系示意图(井网未定,矩形井网示例)

油藏开发压裂是20世纪90年代后期在中国又一批低渗透油藏即将投入开发之际,在油藏整体压裂技术的基础上,以压裂技术先期介入的方式发展起来的一项压裂开发技术。开发压裂是在开发井网尚未确定之前压裂技术就已介入,通过开发井网与水力裂缝系统组合研究,按裂缝有利方位确定注采井网的形式,部署注采井的井距和排距,使之与裂缝方位、裂缝长度和裂缝导流能力有机结合起来,制定全油藏的压裂规划并落实到单井压裂设计及其实施。1997年首先在长庆靖安油田ZJ60试验区成功实施之后,又成功地应用于长庆盘古梁油田和吉林油田,为提高低渗透难动用储量的开发效益、增加动用程度发挥了重要作用。油藏开发压裂与油藏整体压裂以及与注采井的单井压裂相比,具有如下技术特征:

① 压裂技术的早期介入。在开发方案编制之前就考虑到今后水力压裂的作用、技术需求及其对开发生产的影响。

② 水力压裂技术与油藏工程紧密结合。综合油藏地质、开发要求,对油藏开发井网和全油藏压裂做出规划部署,用以指导油藏每口单井的优化设计与施工。

③ 以油藏获得最大的采收率与经济效益为目标函数优化水力裂缝系统与开发井网系统的配置,以水力裂缝有利方位部署开发井网的形式与密度,提高采收率,降低开发成本。

④ 多学科相互交叉渗透,需要油藏工程、采油工程、水力压裂力学和压裂经济学等学科的相互支撑与互相融合。

⑤ 主要由评价、研究、设计、实施与评估五个环节组成。即在油藏地质常规与非常规评价研究的基础上,通过油藏数值模拟技术与现代压裂技术优化开发井网与水力裂缝系统,制定开发压裂方案,用以指导单井的压裂设计与现场实施,并由压后评估技术检验设计与实施效果。同时,通过现场实施与评估进一步加深油藏地质认识,不断完善单井压裂设计,取得更好的开发效果。

开发压裂是将水力压裂裂缝先期介入油田开发井网的部署中,以人工裂缝为出发点,进行井网优化:长庆靖安油田 ZJ60 开发压裂先导试验区 56 口井,与邻区相比,单井产量平均提高 1.7 倍,采出程度提高 7%,成为常规低渗透油藏产能建设的必备技术。

(4)第四阶段:2000 年至 2008 年的传统理论下的直井分层、水平井分段压裂。

"十五"至"十一五"期间:针对低品位储层,在直井开发难以获得效果的前提下,开展了以形成复杂缝网为目的的体积压裂技术攻关。2006 年中国石油专门设立了"水平井低渗透改造重大攻关项目",通过攻关水平井分段改造技术获得突破,促进了水平井在低渗透油藏的规模应用。"十一五"期间,在低渗透油气藏累计应用水平井近 700 口,平均每年 130 口以上,极大提高了长庆、大庆外围、吉林和西南等低渗透油气田水平井开发的积极性,2006年国内开始较大面积地应用水平井,2010 年是国内水平井分段改造配套技术形成与完善的重要时间节点。2009 年,中国石油勘探与生产分公司提出了"体积压裂"新理念,并于 2010年 1 月在中国石油与斯伦贝谢提高单井产量技术研讨会上重点强调了以稳定并提高单井产量为核心,重点发展"体积压裂"技术。广义上的"体积压裂"是提高储层纵向动用程度的分层压裂技术,以及增大储层渗流能力和储层泄油面积的水平井分段改造技术,体现了在直井纵向"多"层和水平井横向"多"段改造;狭义的"体积改造"是指针对页岩通过压裂方式将储层基质"打碎",形成缝网,使裂缝壁面与储层基质的接触面积最大,基质中的油气从任意方位向裂缝渗流距离最短、所需驱动压差最小,大幅度提高储层的整体渗流能力,实现对储层在长、宽、高三维方向"立体改造"的技术。总体来说,体积压裂是现代理论下的压裂技术总论,"缝网"是体积压裂追求的裂缝形态,"缝网压裂"技术是体积改造技术的一种表达形式。体积改造的核心理论是:① 1 个方法:"打碎"储集层,形成网络裂缝,人造渗透率;② 3个内涵:裂缝壁面与储集层基质的接触面积最大;储集层流体从基质流至裂缝的距离最短;基质中流体向裂缝渗流所需压差最小;③ 3 个作用:提高单井产量,提高采收率,储量动用最大化。具体实现方法包括利用分簇限流技术实现多簇均衡扩展,应用"冻胶破岩 + 滑溜水携砂"复合压裂模式及小粒径支撑剂降低近井裂缝复杂度,同时提高远井改造体积等。总结自 2006 年中石油启动水平井改造重大攻关以来,技术发展历经 3 个阶段:

① 2006 年至 2008 年,实现工具"从无到有"的突破,提高中国石油核心技术竞争力,促使外国工具与技术服务费用大幅度降低(降幅不小于 50%)

② 2009 年提出体积改造技术理念,促使压裂理论从经典走向现代,页岩气以"打碎"储层,形成网络裂缝为目标进行压裂,现场应用初见成效。

③ 2013 年建立体积改造技术理论体系,水平井体积改造技术逐渐实现规模化应用,页岩气开始探索"工厂化"作业模式,低成本开发初见端倪。

(5)第五阶段:2008 年至今的缝网压裂、体积压裂。

"十二五"以来,针对难以打碎的储层,开展了以密切割为主要技术特征的"缝控储量"改造优化设计技术。所谓"缝控储量"改造优化设计技术是以油气区块整体为研究对象,以一次性最大化动用并采出整个油气藏油气为目标,通过优化井网、钻井轨迹、完井方式、裂缝分布和形态、补能模式和排采方式,构建与储集层匹配的井网、裂缝系统和驱替系统,实现注入与采出一体化,最终改变渗流场和油气的流动性,提高一次油气采收率和净现值。"缝控储量"改造优化设计技术内涵包括 3 个方面:研究对象为整个区块,涵盖"甜点区"与"非甜点区";研究目标从以井为主体的井控储量计算和开发模式,转变为以裂缝为主体的储量动用模式,每条裂缝会因所在单元物性不同呈现个性化状态;强调一次性储量的动用和采出,重复压裂是为了恢复老缝的渗透率,而非以造新缝为目的。与常规改造技术相比,目前应用的常规储集层体积改造技术强调平面和纵向上"甜点区"的优选和改造,而"缝控储量"改造优化设计技术强调的是对"甜点区"和"非甜点区"的立体动用和最大化一次改造后的油气储量动力程度,采用"勘探—开发—工程一体化"的技术理念,优化井网、裂缝体系和补充方式,一次性构建完善的裂缝系统。"缝控储量"改造优化设计技术核心方法包括:大平台作业模式下的井间距优化、以改造系数最大化为原则的裂缝参数优化、以补能增效为目标的注入液体优化。其技术关键是形成与储集层匹配的裂缝和能量补充系统,实现初次压裂后裂缝对周围区域的储量动用和原油的最大产出值,保证缝间和井间剩余油气最小化,助推致密油气规模效益开发。"缝控储量"改造优化设计技术在非常规油气的开发实践中取得了显著的增产效果,2017 年在新疆油田玛 131 井区将水平井井间距由 400m 降到 300m,缝间距由勘探阶段 60~100m 减小到开发试验阶段 30m,150 天累计产量提高了近 60%,8 口试验井 30d 平均产量 23.5t/d,比以往提高 1.9 倍,预计油藏采收率可提高 2% 以上。同时,2017 年长宁—威远示范区龙马溪组页岩气水平井分段压裂簇间距平均值为 22.8m,所有井中最小簇间距 15m,单井最多簇数 134 簇,"缝控储量"改造优化设计技术的应用,使页岩气产量由 2014 年典型井的平均产量 $10.2 \times 10^4 m^3/d$(8 口井),提高到 2017 年的平均产量 $28.8 \times 10^4 m^3/d$(16 口井),有力支撑了页岩气商业化规模开发。

## 参 考 文 献

Montgomery C T,et al. ,2010. History of an enduring technology[J]. Journal of Petroleum Technology,62(12):

26 – 40.

Hassebroek W E,et al. ,1964. Advancements through 15 Years of Fracturing[J]. Journal of Petroleum Technology,16(07):760 – 764.

McDaniel B W,2010. Archives of wellbore impression data from openhole vertical well fracs in the late 1960s[R]. SPE 128071 – MS

Economides,et al. ,2007. Modern fracturing enhancing natural gas production[M]. Houston：Gulf Publishing Co.

Fast C R,et al. ,1977. The application of massive hydraulic fracturing to the tight muddy "J" formation,Wattenberg Field,Colorado[R]. SPE 5624.

Finch R W,et al. ,1996. Evolution of completion and fracture stimulation practices in the Jonah Field,Sublette County,WY[R]. SPE 36734.

WAN T,et al. ,2013. Evaluation of the EOR potential in fractured shale oil reservoirs by cyclic gas injection[R]. SPE 168880.

Bunger A,et al. ,2013. Constraints on simultaneous growth of hydraulic fractures from multiple perforation clusters in horizontal wells[R]. SPE 163860.

Cipolla C L. ,et al. ,2009. Fracture design considerations in horizontal wells drilled in unconventional gas reservoirs[R]. SPE 119366.

赵惊蛰,等,2002. 特低渗透油藏开发压裂技术[J]. 石油勘探与开发,29(5)：93 – 95.

吴亚红,等,2001. 文 23 气田整体压裂改造技术研究与效果评价[J]. 天然气工业,21(1)：69 – 72.

吴奇,等,2012. 非常规油气藏体积改造技术:内涵、优化设计与实现[J]. 石油勘探与开发,39(3)：352 – 358.

吴奇,等,2014. 非常规油气藏体积改造技术核心理论与优化设计关键[J]. 石油学报,35(4)：706 – 714.

吴奇,等,2011a. 美国页岩气体积改造技术现状及对我国的启示[J]. 石油钻采工艺,33(2)：1 – 7.

吴奇,等,2011b. 增产改造理念的重大变革:体积改造技术概论[J]. 天然气工业,31(4)：7 – 12.

胥云,等,2018. 体积改造技术理论研究进展与发展方向[J]. 石油勘探与开发,45(5)：874 – 887.

雷群,等,2018. 常规油气"缝控储量"改造优化设计技术[J]. 石油勘探与开发,45(4)：719 – 726.

雷群,等,2019. 储集层改造技术进展及发展方向[J]. 石油勘探与开发,46(3)：580 – 587.

# 延伸阅读二 "缝控储量"改造优化设计技术

伴随着美国页岩油气技术的革命,非常规油气资源已成为其主要开发对象。长井段水平井多段压裂技术作为非常规油气开发的核心技术得到国内外的广泛认可和应用。但非常规油气资源采用水平井技术开发仍面临一个共性问题,即如何优化水平井的长度、人工裂缝的条数、裂缝间距、施工段长、段内簇数和每簇孔数等参数,以达到减缓产量递减、提高采收率的目的。针对这些问题,经过多年研究,提出了针对水平井的储集层改造方法——"缝控储量"改造优化设计技术。

所谓"缝控储量"改造优化设计技术,就是通过人工裂缝参数的优化来实现对井控单元内储量的最大动用。对传统直井压裂而言,主要优化双翼对称缝的相关尺寸参数,包括裂缝的半缝长、裂缝的高度、裂缝的宽度及与地层相适应的人工裂缝导流能力,以期获得直井控制单元内储量的最大动用、最大的采收率。对水平井而言,单井人工裂缝数量大幅增加,裂缝起裂和扩展也相对复杂,缝控压裂技术就是对水平井所控制开采单元内的裂缝方位、裂缝尺寸(长、宽、高)、裂缝间距以及水平井排距等相关参数进行优化,同时优化现场施工工艺参数,实现水平井控制单元产量最大、采收率最高、经济效益最佳。

"缝控储量"改造优化设计技术是一项复杂的系统工程,涉及井控单元储集层特征、流体渗流特征、单条水力裂缝形态等的描述,人工裂缝密度与储集层物性的匹配、岩石力学特征与地应力关系的表征以及各参数对非常规储集层全生命周期开发规律影响的分析等。

从压裂技术的发展与目前中国探明油气资源品位变化趋势分析,缝控压裂技术有望发展成为未来主体压裂技术,其实现的手段为:(1)研发地质工程一体化压裂优化设计软件,优化裂缝系统,实现对低品位储集层油气资源的最佳控制;(2)开发高效多功能压裂液体系,最大限度发挥压裂液的改造、储能和渗吸置换作用;(3)现场施工中强调大规模低成本改造技术的应用,力争实现初次完井改造一次到位。缝控压裂技术与低品位油气资源开发进一步融合,可升级为非常规资源的主要开发方式。

中国非常规油气资源丰富,其中致密气可采资源量超过 $9 \times 10^{12} m^3$,页岩气可采资源量为 $(10 \sim 25) \times 10^{12} m^3$,致密油总资源量 $(119.7 \sim 124.5) \times 10^8 t$,实现这些非常规能源的有效开发有助于改善能源结构(邹才能 等,2012;贾承造 等,2012;赵政璋 等,2012)。借鉴北美技术模式(吴奇 等,2011a;IWERE F O et al. ,2012),中国利用自主研发的体积改造技术实现了非常规油气"甜点区"初始产量的突破(吴奇 等,2011b;2012;刘乃震 等,2016;王永辉 等,2017),但由于地质条件复杂、物性非均质性强、压裂形成的裂缝形态差异大且部分区域能量不足,导致稳产难度大,采出程度低。非常规油气开发仍面临 4 个难点:地层能量不足,压后补充能量不受效,导致产量递减快;"非甜点区"产量低;单井建井成本的高投入与国际油价的持续低迷,导致效益开发难;水平井初次压裂后,大量分散成簇的射孔遍布井筒或分压工具留在井中,造成低成本重构井筒重复压裂难。

为了解决上述问题,提出了"缝控储量"改造优化设计技术新概念及配套技术方法体系。该技术以整个油气藏油气采出量最大化为目标,强调裂缝与储集层的匹配优化、初次改造系数最大化和补能、改造及开采一体化概念,构建与区块匹配的井网及与之配套的裂缝系统和新的能量补充方式,使单井累计产量最大限度接近井控目标储量,最大化储集层初次改造系数,延长水平井重复压裂周期或避免水平井重复压裂,实现劣质、低效资源的高效、长效动用和规模有效开发。

# 1 "缝控储量"改造优化设计技术理论内涵

## 1.1 技术概念

中国非常规油气虽然大面积连续分布,但资源丰度低且渗流能力差,几乎无自然产能,目前以改造后衰竭开发为主,部分致密油层开展了注水补充能量试验,但未见到明显效果。以长庆油田某致密油井区为例,采用注水开发的长 7 储集层与衰竭开发的长 6、长 8 储集层相比递减趋势相近,首年产量递减率都达到 40% 以上(图 1)。另外,吐哈三塘湖、新疆玛湖等致密油区块首年产量递减率为 50% ~ 70% 。因此中国致密油普遍表现为"甜点区"初始产量高,但递减快、采收率低、成本高;而"非甜点区"单井产量低,根本无法实现商业化开发。数值模拟结果表明,致密油储集层由于物性差,当人工裂缝密度较低时,初次改造后缝间存在大量剩余油无法有效动用,但目前缺乏低成本的井筒重构技术,重复压裂工具管柱尺寸受限,尚无法在水平井中实现大排量、大砂量、大液量的体积改造重复压裂;而当裂缝密度较高时,初次改造的剩余油区域变小(图 2)。基于上述原因,提出了"缝控储量"改造优化设计技术概念,即通过优化形成与"甜点区"和"非甜点区"匹配程度高的裂缝体系,实现非常规油气资源的立体动用和经济高效开发。

"缝控储量"改造优化设计技术的核心是优化设计,建立优化模型、研发相应的软件是基础。目前非常规油气开发的水平井普遍采用桥塞分段 + 多簇射孔方式压裂,使用比例超过 90% ,因此缝控压裂优化模型必须能实现:(1)非常规油气储集层水平井多段压裂裂缝模拟;(2)大规模压裂条件下的油气藏产量模拟。

"缝控储量"改造优化设计技术以油气区块整体为研究对象,以一次性最大化动用并采出整个油气藏油气为目标,通过优化井网、钻井轨迹、完井方式、裂缝分布和形态、补能模式和排采方式,构建与储集层匹配的井网、裂缝系统和驱替系统,实现注入与采出一体化,最终改变渗流场和油气的流动性,提高一次油气采收率和净现值,实现油气资源规模有效开发和全动用。其技术关键是形成与储集层匹配的裂缝和能量补充系统,实现初次压裂后裂缝对周围区域的储量动用和原油的最大产出量,保证缝间和井间剩余油气最小化。

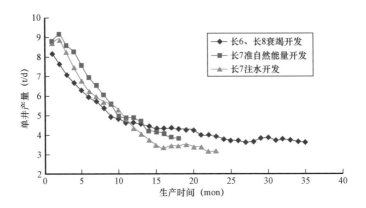

图 1　长庆油田典型致密油区块单井日产量

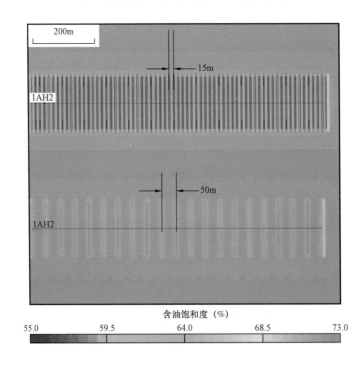

图 2　缝间距为 15m 和 50m 时含油饱和度分布

## 1.2　"缝控储量"改造优化设计与常规改造技术的区别

目前应用的常规储集层体积改造技术强调平面和纵向上"甜点区"的优选和改造,而"缝控储量"改造优化设计技术强调的是对"甜点区"和"非甜点区"的立体动用和最大化一次改造后的油气储量动用程度,采用"勘探—开发—工程一体化"的技术理念,优化井网、裂缝体系和补能方式,一次性构建完善的裂缝系统。

## 1.3 技术内涵

"缝控储量"改造优化设计技术内涵包括 3 个方面:研究对象为整个区块,涵盖"甜点区"与"非甜点区";研究目标从以井为主体的井控储量计算(冯曦 等,2012;陈余 等,2017;黄全华 等,2013;王富平 等,2008)和开发模式,转变为以裂缝为主体的储量动用模式,每条裂缝会因所在单元物性不同呈现个性化状态;强调一次性储量的动用和采出,重复压裂是为了恢复老缝的渗透率,而非以造新缝为目的。

水平井多条裂缝扩展模型采用全三维裂缝扩展模型,模拟水平井分段多簇压裂时的多条裂缝扩展,模型中不考虑天然裂缝分布以及天然裂缝与人工裂缝的相互作用,以连续分布的主裂缝描述人工裂缝。假定裂缝保持垂直(国内大多数致密油和页岩气储集层最小主应力为水平方向,实施水力压裂多形成垂直裂缝)但可以朝任意水平方向扩展。裂缝模型由一系列结构化矩形单元构成,主要变量(压力、缝宽等)位于单元的中心节点。垂向上的裂缝单元尺寸可以自动调整以精确匹配不同层的厚度,水平方向的裂缝单元尺寸保持不变以提升计算效率。具体采用三维位移不连续法描述裂缝的法向和切向变形,针对所有裂缝单元建立全局性弹性方程:

$$\begin{cases} p_n = K_{nt}u_t + K_{nn}u_n \\ p_t = K_{tt}u_t + K_{tn}u_n \end{cases} \tag{1}$$

式中　下标 $n$——法向;

　　　下标 $t$——切向;

　　　$K$——绝对渗透率,$m^2$;

　　　$p_n$,$p_t$——裂缝单元的法向和切向净压力向量,Pa;

　　　$u_n$——垂直于裂缝面的张性位移(缝宽),m;

　　　$u_t$——与裂缝面相切的剪切位移,剪切位移包含水平向和垂向两个方向的分量,m。

裂缝内流体流动满足质量守恒方程:

$$\frac{\partial w}{\partial t} = \frac{\partial q_x}{\partial x} + \frac{\partial q_y}{\partial y} + \delta(x,y)q_i - q_1 \tag{2}$$

式中　$t$——时间,s;

　　　$w$——缝宽,m;

　　　$i$——裂缝点源编号;

　　　$x$,$y$——横、纵坐标轴,m;

$q_x, q_y$——$x$ 和 $y$ 方向的单宽流量(单位时间流过单位宽度的体积),$m^2/s$;

$q_i$——裂缝点源泵注排量,$m^3/s$;

$q_1$——滤失流量,$m/s$;

$\delta(x, y)$——狄拉克函数,$m^{-2}$。

流体运动动量方程为

$$
\begin{cases}
q_x = -\dfrac{n}{2n+1} 2^{-\frac{n+1}{n}} w^{\frac{2n+1}{n}} K'^{-\frac{1}{n}} \times \left[ \left(\dfrac{\partial p}{\partial x} + \rho g_x\right)^2 + \left(\dfrac{\partial p}{\partial y} + \rho g_y\right)^2 \right]^{\frac{1-n}{2n}} \left(\dfrac{\partial p}{\partial x} + \rho g_x\right) \\[2ex]
q_y = -\dfrac{n}{2n+1} 2^{-\frac{n+1}{n}} w^{\frac{2n+1}{n}} K'^{-\frac{1}{n}} \times \left[ \left(\dfrac{\partial p}{\partial x} + \rho g_x\right)^2 + \left(\dfrac{\partial p}{\partial y} + \rho g_y\right)^2 \right]^{\frac{1-n}{2n}} \left(\dfrac{\partial p}{\partial y} + \rho g_y\right)
\end{cases}
\tag{3}
$$

式中　$n$——幂律指数,无量纲;

$K'$——幂律系数,$Pa \cdot s^n$;

$\rho$——携砂液密度,$kg/m^3$;

$p$——流体压力,$Pa$;

$g_x, g_y$——$x, y$ 方向重力加速度分量,$m/s^2$。

流体滤失采用 Carter 一维滤失模型

$$
q_1 = \frac{2C_L}{\sqrt{t - \tau(x, y)}}
\tag{4}
$$

式中　$C_L$——滤失系数,$m/s^{0.5}$;

$\tau(x, y)$——压裂液到达裂缝面的时刻,$s$。

描述裂缝变形的弹性方程式(1)和缝内流体流动的质量守恒方程式(2)共同组成了一组以缝宽和流体压力为未知量的瞬态非线性耦合方程组。对质量守恒方程式(2)采用有限体积法离散,采用顺序耦合分析法求解耦合方程组:(1)给定时间步长,并且已知上一时间步缝内流体压力和缝宽的分布,假定初始各簇分配流量(裂缝点源泵注排量)为 $q_i$,且满足流量体积守恒;(2)代入式(1)计算压力和剪切位移不连续量;(3)将压力和缝宽回代入式(2)重新计算缝宽,如此迭代,直至压力与缝宽收敛;④通过获得的缝内压力计算各簇分配流量,并与假定的初始流量分配作比较,如收敛则结束计算;如不收敛,则重新分配各簇流量,重复(2)—(4)。当裂缝前缘最大张应力大于岩石的抗张强度时,裂缝开始扩展。裂缝扩展方向通过应力场计算,保证局部最小主应力方向始终与裂缝扩展方向垂直。

## 1.4　目标函数

为了量化储集层改造技术应用效果,根据"缝控储量"改造技术概念,对目标函数进行了定义。

$$M = \sum_{i=1}^{n} \sum_{j=1}^{m} \frac{V_{\mathrm{P},j}(t)}{V_{\mathrm{M},i}} \tag{5}$$

$$S = \frac{V_{\mathrm{P}}(t)}{V_{\mathrm{F}}} \tag{6}$$

　　勘探或开发过程中,将油藏分成 $n$ 个独立区域,每个区域部署 1 口井,将这个区域定义为井控目标区域[图 3(a)和图 3(b)],而区域内的油气储量即为该井的井控目标储量。将某一井控目标区域划分成 $m$ 个单元,每个单元部署 1 组单一裂缝或 1 组相互连通的复杂裂缝,通过这组裂缝(网)控制和采出该单元内的油气储量即缝控目标储量 $V_{\mathrm{F}}$,图 3(c)至图 3(f)]。

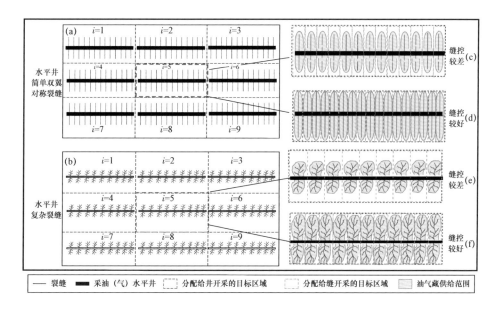

图 3　水平井"缝控储量"改造优化设计技术应用目标示意图

　　井控目标储量和单井控制储量的区别在于单井控制储量是指采油井开采过程中油气供给区域内的地质储量(FAKCHAROENPHOL P et al.,2012;WAN T et al.,2013;CHEPAN S,2009;蒲秀刚 等,2016)(图 4),即井能控制的实际区域。而本文提出的井控目标储量是开发方案中分配给井的"责任田",即需要该井开发的区域内储量,其有效控制由储集层的物性和开发过程中的开采参数决定。

　　由定义可以看出,对于改造系数较差的情况[(图 3(c)和图 3(e)],水平井井控目标区域内平面范围或者层间纵向范围内有很大的"空白区域",这些"空白区域"在生产后期得不到有效动用,成为剩余油气,使改造系数远远小于 1。对于改造系数较好的情况[图 3(d)和图 3(f)],裂缝在纵向和平面上波及范围较广,几乎能够覆盖所有油气区,区域内油气在井生命周期结束后得到充分动用,改造系数趋近于 1。同时当控藏系数趋近于 1 时,井间平面

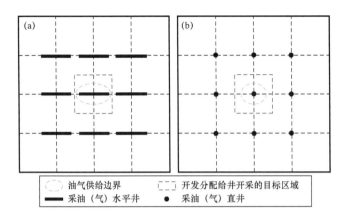

图4 单井控制储量和井控目标储量对比示意图

范围或层间纵向范围内"空白区域"很小,油气得到有效控制和采出。

提高改造系数是提高致密储集层井控目标区域内最终采收率的关键;而提高控藏系数可以提高整个油气藏的最终采收率。"缝控储量"改造优化设计技术的终极目标是改造后改造系数和控藏系数都趋近于1。

# 2 "缝控储量"改造优化设计技术实现途径

为了实现"缝控储量"改造优化设计技术目标,本文采用"3优化、3控制"的技术路线,即通过优化井间距实现对砂体范围的控制,优化裂缝系统实现对地质储量的控制,优化能量补充方式实现对单井递减的控制。其核心技术方法包括:大平台作业模式下的井间距优化、以改造系数最大化为原则的裂缝参数优化、以补能增效为目标的注入流体优化。

## 2.1 水平段长度和井间距优化技术

### 2.1.1 储集层物性评价

储集层物性是技术应用的基础,相对精确的刻画可以确保后续方案实施的合理性。因此储集层评价和天然裂缝系统预测技术是"缝控储量"改造优化设计技术的重要基石。目前的技术手段充分利用非常规油气资源已有的勘探和开发大数据信息,获得岩性、物性、烃源岩、含油性、脆性、地应力、各向异性等地质及测井参数,建立反映地下实际情况的地质物理模型和三维应力场模型,对储集层进行精细刻画,为产能模拟和裂缝扩展模拟提供可靠模型。

### 2.1.2 裂缝系统评估及认识

对压裂裂缝几何尺寸的认识是压裂方案优化的基础,综合利用微地震监测(图5)、微形变和示踪剂等技术,分析压裂裂缝体系的复杂程度。在此基础上,利用人工裂缝反演和数值模拟等技术(图6),建立能够反映地下实际情况的压裂裂缝体系模型,根据该模型,进行压裂改造的有效性评价,预测油气生产动态和补充能量开发方式。

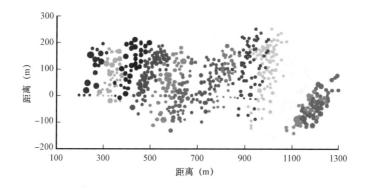

图5  LAH井微地震监测结果(不同颜色代表不同分压级次的事件)

图6  MAH井裂缝扩展剖面图

### 2.1.3  长水平井段设计与实施

基于优质储集层展布优化井眼轨迹,采用PDC(聚晶金刚石复合片)钻头、高效率螺杆钻具、"一趟钻"钻井设计和优质水基钻井液体系等来降低井筒复杂性,提高钻井速度,降低钻井成本;采用地质工程一体化"甜点"预测、水平井地质导向和三维绕障钻井技术提高储集层钻遇率,实现优质储集层"零"丢失;结合储集层砂体展布特征和井场设计,增加水平井段长度至2000~3000m,增加水平井筒与油气藏的接触面积,提高水平段的产油气能力,降低单位长度钻井成本,减少单位面积所需平台数量和地面工程及中游基础建设费用。

### 2.1.4  小水平井间距设计

美国几大主要致密油气区块的水平井井间距从400m缩小到100~200m,在Barnett、Eagle Ford、Marcellus试验了最小井间距为76m的平台水平井(DONG Z Z et al.,2015)。目前中国的致密油井间距一般为300~800m,吐哈致密油加密后井距达100m。以裂缝体系评估认识到的裂缝长度为上限,进行井距的优化设计,使压裂对两井间储集层基质形成的"缝控"面积变小,"缝控"面积内基质向裂缝的渗流距离进一步减小,井间难动用区域面积减小,波及效率提高;同时,缩小井距降低了平台压裂时对压裂裂缝长度的要求,有利于压裂技术的应用与控制。

## 2.2 裂缝系统优化技术

### 2.2.1 "4段式控缝"精准裂缝布放技术

裂缝的布放是系统工程,需要从源头进行控制,基于此提出了"4段式控缝"精准裂缝布放技术,即在布井、完井、压裂、返排4个关键环节对裂缝进行控制。在方案部署阶段通过井距、水平井段长度、井眼方位及井眼轨迹的设计,控制裂缝纵向和平面的分布,形成与砂体匹配的裂缝系统;在完井阶段通过射孔或裸眼方式优化裂缝起裂位置和数量,控制裂缝间距和缝间储量;在设计和实施阶段控制裂缝质量,主要利用液体性能、施工排量、泵注程序等优化,结合微地震监测结果对参数进行适当调整从而控制人工裂缝的形态;在返排阶段通过优化焖井时间和油嘴尺寸控制返排速度,实现地层不出砂及近井裂缝高导流,保证压后改造效果,控制支撑裂缝形态。

### 2.2.2 设计和实施技术思路

目前已形成2种人工裂缝精细改造技术:(1)以"快钻桥塞组合分簇射孔"为主,主要针对不利于形成复杂裂缝的致密油储集层,通过分段多簇压裂,实现细分切割储集层改造;(2)复杂裂缝压裂改造方式,主要针对天然裂缝发育的脆性储集层,采用大排量、暂堵转向等方式,通过水平井裂缝间距优化形成复杂裂缝系统,在不同特征储集层的缝端、缝内、缝口加入多种储集层改造智能材料体系,改变储集层岩石润湿性,实现定点位置的人工裂缝转向。

### 2.2.3 低成本分压技术工艺

为了进一步提高"缝控储量",国外非常规油气开发中逐步缩小分段压裂的段间距,以Utica油田为例,2014年的段间距为61~76m,2016年3月Purple Hayes平台水平井压裂段间距为46m,同年6月Wheeler平台水平井压裂段间距缩短到34m,最小簇间距仅为4.5m(MOHAGHEGH S D et al.,2017)。石油公司在Permian盆地也针对密集布井和密集布缝开展了压裂试验(GAO R et al.,2017)。致密储集层渗透率低,启动压力高,在一定的开发周期内,井控范围几乎等同于人工裂缝的控制区域。国内致密油储集层的室内物模实验和现场实践都证明储集层难以"打碎",采用目前现有的桥塞分段分簇射孔的水平井体积改造技术无法实现理想的复杂裂缝网络(现国内常用的水平井压裂段长60~80m,每段2~3簇,每簇10~16孔)。为增加人工裂缝密度并控制储集层储量,同时降低施工成本,国外采用极限分簇限流射孔技术缩小段(簇)间距(PAUL W et al.,2017;PAUL W et al.,2018;KIRAN S et al.,2017),即在确保段内每簇可压开的前提下,最大限度地增加每段的簇数,利用总的孔眼数来实现对每簇节流阻力的控制,从而形成缝控基质单元,大幅度增加单位面积可动用储量,将传统井控储量模式发展成缝控可采储量模式,提高采收率。

### 2.2.4 交错布缝工艺

在 2 口平行的水平井段上交错布缝(图 7),增加了裂缝穿透比,并利用 2 条缝间的诱导应力改变原有天然裂缝形态,产生次生裂缝,形成复杂缝网结构,增加地层内裂缝的复杂程度,从而扩大裂缝控制面积,避免了对称布缝时因增加裂缝穿透比导致 2 口井连通的不利情况。

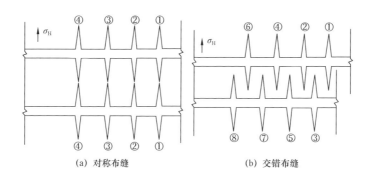

(a) 对称布缝          (b) 交错布缝

图 7    对称布缝与交错布缝示意图($\sigma_H$ 为最大水平主应力,序号代表施工次序)

## 2.3 非常规油气补能机理及控制技术

致密油在没有能量补充的条件下,仅依靠流体和岩石的弹性能,采用水平井多段压裂技术衰竭方式开采,一次采收率仅为 5%~10%。国外致密油气有效补能的技术方法仍处于探索中。在文献调研、现场实践和理论分析的基础上,提出了 3 种补能方式。

### 2.3.1 前期大规模压裂液注入蓄能

致密油具有低孔、超低渗特征,单井之间不具备储集层连通效应,即单井控制储量范围可看作一个独立的封闭性储集体,能有效保证地层能量不向外界扩散。储集层改造高速注入大规模液量,一方面可提高人工裂缝的复杂程度和改造体积以及裂缝的比表面积,增加液体的滞留时间和体积,从而加强能量补充效果;另一方面不同位置人工裂缝或裂缝分支存在非均匀压力系统,可形成缝间驱替(图 8)。该方法与吞吐注入和衰竭式开采相比,可明显提高地层能量和累计产量。

油藏数值模拟结果表明,体积为 $8 \times 10^6 \mathrm{m}^3$ 的油藏通过水力压裂快速注入 $1 \times 10^4 \mathrm{m}^3$ 压裂液,平均地层压力可上升 2.14MPa,能量得到补充,产量也随之提升。从矿场试验看,新疆玛湖地区致密油水力压裂单位长度井段的注液量由 $8.5 \mathrm{m}^3$ 提升至 $15.0 \mathrm{m}^3$(其中 MAB_H 水平井段注入液量为 $8.5 \mathrm{m}^3/\mathrm{m}$,其他井水平井段注入液量为 $15 \mathrm{m}^3/\mathrm{m}$),300d 后压裂液的返排率由 65% 降至 20%,压降速率降低 40%~46%(图 9),可见大量液体注入有利于提高地层能量。

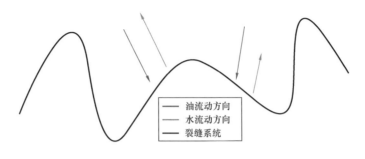

图 8 缝间压力驱替示意图

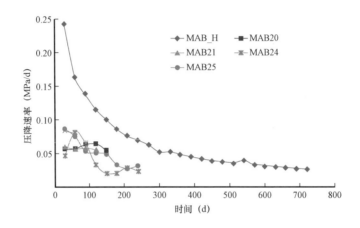

图 9 "缝控储量"改造蓄能作用矿场试验压降速率对比图

以长庆油田某井为例,对压裂蓄能方法进行说明。该井油层深度 2288m,油层厚度 16.46m,压力系数 0.72,基质渗透率 0.17mD,孔隙度 7.9%,水平段长 800m,压裂分 10 段,段间距 48~67m,半缝长 211m,导流能力 $30\mu m^2 \cdot cm$。设置 3 种不同方案并对比产油效果:(1)无能量补充衰竭方式开采;(2)5 次吞吐循环,即油井生产 3 年后在 1 个月时间内,分别注入采出量 80%、100%、120%、150% 的水,焖井 1 个月,继续生产 3 年,再在 1 个月时间内,分别注入相同体积的水,并焖井 1 个月,依次类推共注入及采出 5 个循环;(3)蓄能压裂注入,即压裂时一次性注入等量活性水,注入量为方式(2)5 个循环的总量,对比结果显示,蓄能压裂能够明显提高单井累计产量(图 10)。

### 2.3.2 中后期多轮次注水能量补充

致密油层实施水力压裂后,压裂液主要分布在形成的裂缝网络内(或裂缝附近基质内),基质渗透率低,压裂液在短时间内无法有效运移到基质内部。大量压裂液的存在使得改造区缝网内压力明显升高,而被裂缝网络切割的基质岩块内部压力仍然保持为原始地层压力,因此基质岩块内存在大量剩余油,开发中后期需进行多轮次注入—关井—生产提高采收率。在关井过程中,一方面压力可由裂缝网络向被其切割的基质岩块内传播,另一方面因

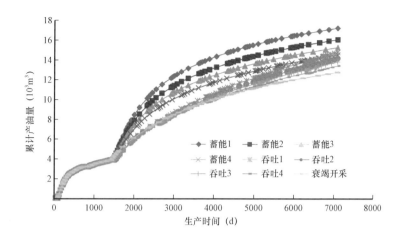

图 10    蓄能压裂、吞吐循环和衰竭开采的累计产量对比图

油水重力分异,压裂液不断向储集层缝网较低部位运移,油向缝网内高部位运移并聚集,实现关井蓄能后井口快速见油。关井时间主要受缝网间距和基质渗透率影响,缝网间距越小,所需要的驱动压差越小,合理关井时间越短;基质渗透率越小,油气启动压力梯度越大,合理关井时间越长。

### 2.3.3    后期采出气再注入补能技术

注气是 1 种有效的提高原油采收率的方法(蒲秀刚 等,2016;DONG ZZ et al. ,2015),不仅可以维持地层压力,还可以提高驱油效率。注入地层的混相气通过重力排驱、毛管驱动、弥散扩散、压力驱动等作用,实现裂缝与基岩之间的交叉流和质量传递,达到开采残留在基岩中大量原油的目的。利用采出气回注,不存在混相困难,且具经济效益和环境效益。由于气体注入能力强,相同注入压力下气体更容易进入微小孔隙,将压力传到储集层深处,从而达到补充能量的目的,驱替孔隙剩余致密油。巴肯组岩心驱替实验和油藏模拟研究得出,注气与注水相比能采出更多原始地质储量,驱替效率为 28%~60%(PAUL et al. ,2017);假设体积波及效率为 50%,最终采收率将达到 14%~30%,模拟模型预测先导试验最终采收率可达到 23%(PAUL et al. ,2017)。

## 3    工业试验应用成效

### 3.1    致密油应用成效

"缝控储量"改造优化设计技术在非常规油气的开发实践中取得了显著增产效果。2017 年在新疆油田玛 131 井区开发方案中采纳该理念,将水平井井间距由 400m 降到 300m,缝间距由勘探阶段 60~100m 减小到开发试验阶段 30m,150d 累计产量提高了近 60%(图 11),8 口试验井 30d 末平均产量 23.5t/d,比以往提高 1.9 倍,预计油藏采收率可提高 2% 以上;同年在吐哈油田三塘湖致密油马 56 区块开展"缝控储量"改造优化设计技术先导试验,水平井井间距由 400m 缩小至 100m,压裂井缝间距由 46m 缩小至 12m 左右,每段簇数由 2 簇增加至 5 簇,完成现场先导试验 5 井 47 段 195 簇,其中马 58-2H 井初期产量为51.0t/d,试验井平均产量 25.7t/d,与邻井相比增产 1.7 倍,预计井组采收率增加 0.92%。

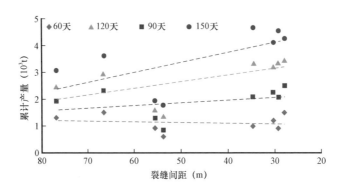

图 11  玛 131 井区裂缝间距与累计产量对应关系图

## 3.2  页岩气应用成效

长水平段钻完井可增大压裂规模,增加有效改造体积。2017 年长宁—威远示范区龙马溪组页岩气水平井段平均长 1624m,最长水平段 2512m,加砂强度平均 1.4t/m,最高单段达到 3.1t/m。通过增加段数、缩小段长、增加簇数、缩短簇间距提高改造程度,2017 年长宁—威远示范区龙马溪组页岩水平井分段压裂簇间距平均值为 22.8m,所有井中最小簇间距15m,单井最多簇数 134 簇。"缝控储量"改造优化设计技术的应用,使页岩气产量由 2014年典型井的平均产量 10.2 ×10⁴m³/d(8 口井),提高到 2017 年的平均产量 28.8 ×10⁴m³/d(16 口井),有力支撑了页岩气商业化规模开发。

## 参 考 文 献

邹才能,等,2017."人工油气藏"理论、技术及实践[J].石油勘探与开发:144 – 154.

贾承造,等,2012. 中国非常规油气资源与勘探开发前景[J].石油勘探与开发,39(2):129 – 136.

赵政璋,等,2012. 致密油气[M].北京:石油工业出版社.

吴奇,等,2011a. 美国页岩气体积改造技术现状及对我国的启示[J].石油钻采工艺:1 – 7.

IWERE F O,et al. ,2012. Numerical simulation of enhanced oil recovery in the Middle Bakken and Upper Three Forks tight oil reservoirs of the Williston Basin[R]. SPE 154937.

吴奇,等,2012. 非常规油气藏体积改造技术:内涵、优化设计与实现[J].石油勘探与开发:352 – 358.

吴奇,等,2014. 非常规油气藏体积改造技术核心理论与优化设计关键[J].石油学报:706 – 714.

吴奇,等,2011b. 增产改造理念的重大变革:体积改造技术概论[J].天然气工业:7 – 12.

刘乃震,等,2016. 四川盆地威远区块页岩气甜点厘定与精准导向钻井[J]. 石油勘探与开发:978 - 985.

王永辉,等,2017. 页岩层理对压裂裂缝垂向扩展机制研究[J]. 钻采工艺:39 - 42.

冯曦,等,2012. 优化气井配产的多因素耦合分析方法及其应用[J]. 天然气工业:60 - 63.

陈余,等,2017. 非达西效应及范围对低渗透气藏井控储量的影响[J]. 油气井测试:14 - 17.

黄全华,等,2013. 低渗产水气藏单井控制储量的计算及产水对储量的影响[J]. 天然气工业:33 - 36.

王富平,等,2008. 渗透率对低渗气藏单井控制储量的影响[J]. 断块油气田:45 - 47.

FAKCHAROENPHOL P,et al. ,2012. The effect of water induced stress to enhance hydrocarbon recovery in shale reservoirs[R]. SPE 158053.

WAN T,et al. ,2013. SHENG M Y. Evaluation EOR potential infractured shale oil recovery by cyclic gas injection [R]. SPE 168880.

CHEDAN S,2009. Global laboratory experience of $CO_2$ - EOR flooding[R]. SPE 125581.

蒲秀刚,等,2016. 细粒相沉积地质特征与致密油勘探:以渤海湾盆地沧东凹陷孔店组二段为例[J]. 石油勘探与开发:24 - 33.

DONG Z Z,et al. ,2015. Probabilistic assessment of world recoverable shale - gas resources[R]. SPE 167768.

MOHAGHEGH S D,et al. ,2017. Shale analytics:Making production and operational decisions based on facts:A case study in Marcellus Shale[R]. SPE 184822.

CAO R,et al. ,2017. Well interference and optimum well spacing for Wolfcamp development at Permian Basin[R]. URTEC 2691962.

PAUL W,et al. ,2018. Mining the Bakken II:Pushing the envelope with extreme limited entry perforating[R]. SPE 189880.

KIRAN S,et al. ,2017. Extreme limited entry design improves distribution efficiency in plug - n - perf completions:Insights from fiber - optic diagnostics[R]. SPE 184834.

PAUL W,et al. ,2017. Mining the Bakken:Driving cluster efficiency higher using particulate diverters[R]. SPE 184828.

# 国外油气勘探开发新进展丛书（一）

书号：3592
定价：56.00元

书号：3663
定价：120.00元

书号：3700
定价：110.00元

书号：3718
定价：145.00元

书号：3722
定价：90.00元

# 国外油气勘探开发新进展丛书（二）

书号：4217
定价：96.00元

书号：4226
定价：60.00元

书号：4352
定价：32.00元

书号：4334
定价：115.00元

书号：4297
定价：28.00元

# 国外油气勘探开发新进展丛书（三）

书号：4539
定价：120.00元

书号：4725
定价：88.00元

书号：4707
定价：60.00元

书号：4681
定价：48.00元

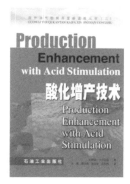

书号：4689
定价：50.00元

书号：4764
定价：78.00元

# 国外油气勘探开发新进展丛书（四）

书号：5554
定价：78.00元

书号：5429
定价：35.00元

书号：5599
定价：98.00元

书号：5702
定价：120.00元

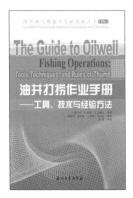

书号：5676
定价：48.00元

书号：5750
定价：68.00元

# 国外油气勘探开发新进展丛书（五）

书号：6449
定价：52.00元

书号：5929
定价：70.00元

书号：6471
定价：128.00元

书号：6402
定价：96.00元

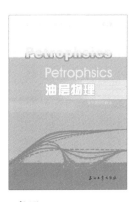

书号：6309
定价：185.00元

书号：6718
定价：150.00元

# 国外油气勘探开发新进展丛书（六）

书号：7055
定价：290.00元

书号：7000
定价：50.00元

书号：7035
定价：32.00元

书号：7075
定价：128.00元

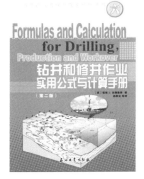

书号：6966
定价：42.00元

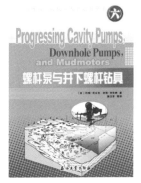

书号：6967
定价：32.00元

# 国外油气勘探开发新进展丛书（七）

书号：7533
定价：65.00元

书号：7802
定价：110.00元

书号：7555
定价：60.00元

书号：7290
定价：98.00元

书号：7088
定价：120.00元

书号：7690
定价：93.00元

# 国外油气勘探开发新进展丛书（八）

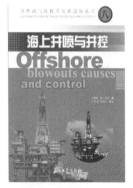

书号：7446
定价：38.00元

书号：8065
定价：98.00元

书号：8356
定价：98.00元

书号：8092
定价：38.00元

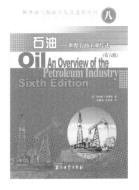

书号：8804
定价：38.00元

书号：9483
定价：140.00元

# 国外油气勘探开发新进展丛书（九）

书号：8351
定价：68.00元

书号：8782
定价：180.00元

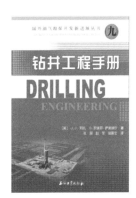

书号：8336
定价：80.00元

书号：8899
定价：150.00元

书号：9013
定价：160.00元

书号：7634
定价：65.00元

# 国外油气勘探开发新进展丛书（十）

书号：9009
定价：110.00元

书号：9989
定价：110.00元

书号：9574
定价：80.00元

书号：9024
定价：96.00元

书号：9322
定价：96.00元

书号：9576
定价：96.00元

# 国外油气勘探开发新进展丛书（十一）

书号：0042
定价：120.00元

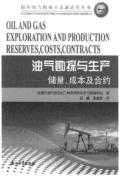

书号：9943
定价：75.00元

书号：0732
定价：75.00元

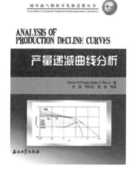

书号：0916
定价：80.00元

书号：0867
定价：65.00元

书号：0732
定价：75.00元

# 国外油气勘探开发新进展丛书（十二）

书号：0661
定价：80.00元

书号：0870
定价：116.00元

书号：0851
定价：120.00元

书号：1172
定价：120.00元

书号：0958
定价：66.00元

书号：1529
定价：66.00元

# 国外油气勘探开发新进展丛书（十三）

书号：1046
定价：158.00元

书号：1167
定价：165.00元

书号：1645
定价：70.00元

书号：1259
定价：60.00元

书号：1875
定价：158.00元

书号：1477
定价：256.00元

# 国外油气勘探开发新进展丛书（十四）

书号：1456
定价：128.00元

书号：1855
定价：60.00元

书号：1874
定价：280.00元

书号：2857
定价：80.00元

书号：2362
定价：76.00元

# 国外油气勘探开发新进展丛书（十五）

书号：3053
定价：260.00元

书号：3682
定价：180.00元

书号：2216
定价：180.00元

书号：3052
定价：260.00元

书号：2703
定价：280.00元

书号：2419
定价：300.00元

# 国外油气勘探开发新进展丛书（十六）

书号：2274
定价：68.00元

书号：2428
定价：168.00元

书号：1979
定价：65.00元

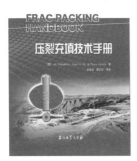

书号：3450
定价：280.00元

书号：3384
定价：168.00元

# 国外油气勘探开发新进展丛书（十七）

书号：2862
定价：160.00元

书号：3081
定价：86.00元

书号：3514
定价：96.00元

书号：3512
定价：298.00元

书号：3980
定价：220.00元

# 国外油气勘探开发新进展丛书（十八）

书号：3702
定价：75.00元

书号：3734
定价：200.00元

书号：3693
定价：48.00元

书号：3513
定价：278.00元

书号：3772
定价：80.00元

书号：3792
定价：68.00元

# 国外油气勘探开发新进展丛书（十九）

书号：3834
定价：200.00元

书号：3991
定价：180.00元

书号：3988
定价：96.00元

书号：3979
定价：120.00元

书号：4043
定价：100.00元

书号：4259
定价：150.00元

# 国外油气勘探开发新进展丛书（二十）

书号：4071
定价：160.00元

书号：4192
定价：75.00元

# 国外油气勘探开发新进展丛书（二十一）

书号：4005
定价：150.00元

书号：4013
定价：45.00元

书号：4075
定价：100.00元

书号：4008
定价：130.00元

# 国外油气勘探开发新进展丛书（二十二）

书号：4296
定价：220.00元

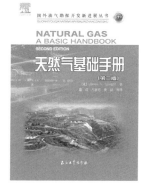

书号：4324
定价：150.00元

书号：4399
定价：100.00元

# 国外油气勘探开发新进展丛书(二十三)

书号：4469
定价：88.00元

书号：4466
定价：50.00元

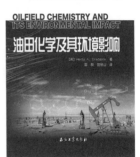

书号：4362
定价：160.00元